化学工学の新展開

その飛躍のための新視点

小川浩平 著

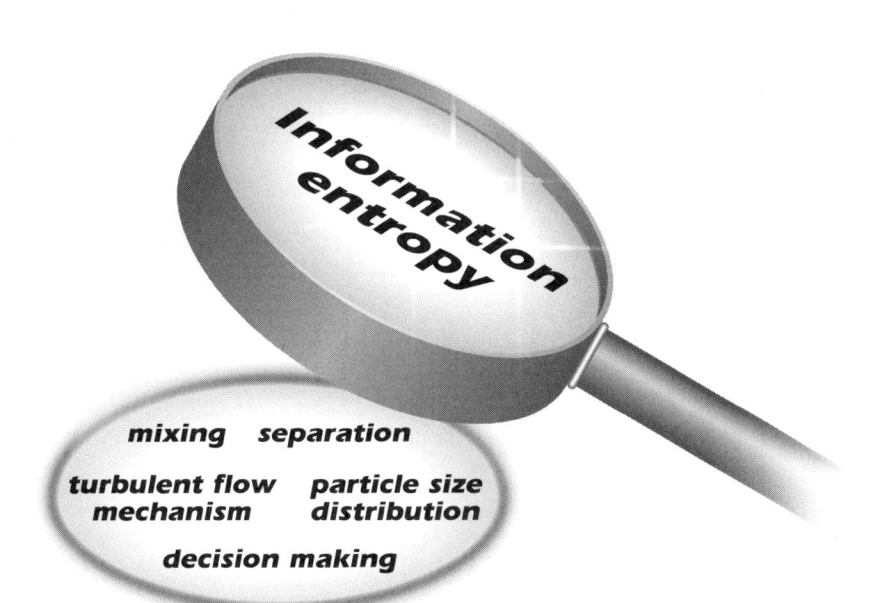

Information entropy

mixing　separation
turbulent flow　particle size
mechanism　distribution
decision making

大学教育出版

はじめに

　1908年にアメリカでAmerican Institute of Chemical Engineers（AIChE）が創立され，1936年に我国で化学機械協会が創立された．化学工学が工学の一分野として認識されてほぼ1世紀が過ぎたことになる．この間の先人の汗と努力の積み重ねによって今日の化学工学がある．その化学工学の守備範囲は，その発展段階から大きな役割を果たしてきた単位操作，原料から製品に至るまでのプロセスと装置のすべて，そして昨今のバイオや新素材と極めて広く，物質を取り扱う現象のすべてを対象としているといっても過言ではない．今後さらにその範囲を広げていくことであろう．化学工学は方法論の学問であると主張されつづけてきた．さて，本当に化学工学は方法論の学問だったのであろうか．私が見聞きしてきた化学工学はそれぞれ対象とする現象／操作ごとに別々に組み立てられており，現象／操作ごとにそれぞれに別々の方法を開発し利用してきた学問としか思われない．その結果，同じ化学工学でありながらも，異なる現象／操作に対する異なる方法への関心はほとんど払われてこなかったのではないだろうか．化学工学は一貫した考え方に基づく方法論の学問ではなかったと判断せざるを得ない．

　化学工学が対象とする現象には，微分方程式などによって記述でき確定できる現象と，確率論的手法によってしか確定できないランダムな現象とがある．このうち微分方程式などによって記述でき確定できる現象は，ニュートン力学をはじめとする基礎的概念に基づいて説明することができ，何らその取り扱いに対して特別の方法論を導入する余地はない．問題になるのは，微分方程式などで確定できない不確定でランダムな現象である．メカニカルオペレーション（機械的操作）という狭い範囲においても，確率論的手法によってしか確定できないランダムな現象が多い．それらの取り扱い方は各現象／操作で異なる．

化学工学が他の学問と大きく異なる点，すなわち化学工学のアイデンティティーといえる点は混合現象と分離現象を対象としていることにあるが，その混合現象と分離現象も一般的には確率論的手法によってしか確定できない現象である．混合現象／操作と分離現象／操作とは互いに表裏の関係にある現象でありながら，しかし，それぞれまったく別の視点から議論されてきた．例えば，混合操作／装置と分離操作／装置の評価指標の定義はそれぞれ別々に定義されてきており，それら評価指標間には密接な関係は何も認められない．化学工学が方法論の学問であると言い切るには，少なくとも，これらの互に表裏の関係にある評価指標が共通の視点で定義されている必要がある．それぞれの現象を共通の視点でとらえて，"一貫した方法論"でそれらの評価指標を再構築することが不可欠である．

このような確率論的手法によってしか確定できない現象を"一貫した方法論"により取り扱うためには，"一貫したメガネ"をかけて現象をとらえる必要がある．筆者はこのメガネとして，化学工学にとっては異分野のメガネである"情報エントロピー"を選んだ．このメガネをかけることにより，前記の混合操作／装置と分離操作／装置の評価指標の定義を同じ視点で行うことができることに期待を抱いた．

さて化学技術者への期待は大きく，多くの難題が問いかけられており，化学技術者はその解答に四苦八苦しているのが現状である．問いかけられる難題としては，例えば，

● 互いに背腹の関係にある混合と分離の現象／操作を同じように取り扱う方法はないのか？
● 理論的背景が明確な装置のスケールアップ則はないのか？
● 理論的背景が明確な粒子径確率密度分布表示式はないのか？
● 理論的背景が明確な期待／不安の程度の定量表示式／意思決定基準はないのか？

等が考えられる．化学技術者としてはそれぞれの難題に対して満点解答が求められるが，問題ごとに視点／方法が異なった解答の仕方では面子丸つぶれとなる．そこで本書では，問いかけられた各難題に対して，情報エントロピーとい

うメガネを一貫してかけて満点解答をすることを追究する．それが達成できれば新たな化学工学の展開が見えてきて，化学工学を高度に体系化してゆくための第一歩になると考える．

　本書は，問いかけられた難題とそれに対する情報エントロピーという視点に立った解答を示すといった問答集の様相を呈するように記した．また啓蒙書，専門書にもなるようにも書いた．最後になるが，本書を執筆するに当たって温かい励ましとご協力をいただいた㈱大学教育出版の佐藤守氏に心からの感謝を申し上げる．また，私どもの研究室で博士論文研究，修士論文研究，学士論文研究にとり組み，多くの貴重な実験データを得てくれた多くの学生諸君にも謝意を表明したい．さらには，筆者に情報エントロピーに接する最初の機会を与えて下さり，また温かいご指導を下さった伊藤四郎名誉教授に衷心よりお礼を申し上げる．加えて，筆者の日夜の奮闘を支えてくれた妻洋子，娘の真理と知英，孫の瑛と涼香にありがとうと言いたい．

2007年12月

著　者

化学工学の新展開
―その飛躍のための新視点―

目　次

はじめに ……………………………………………………………… i

第1章　情報エントロピー ……………………………………… 1

1.1　はじめに　*1*
1.2　情報　*2*
1.3　情報量　*2*
1.4　結果が知らされる以前にもっている平均の情報量　*3*
　　（1）単一事象系を対象とする場合の平均情報量―自己エントロピー（1つのサイコロを振るとき，「どの目が出るか？」）　*4*
　　（2）複数事象系を対象とする場合の平均情報量　*5*
1.5　連続変化量に対する情報エントロピー　*8*
1.6　情報エントロピーが最大値をとる確率密度分布関数　*9*
　　（1）変数 t の変化範囲が $-R \leq t \leq R$ と定まっている場合　*9*
　　（2）変数 t が正でかつその平均値が A と定まっている場合　*10*
　　（3）変数 t の分散値が σ^2 に定まっている場合　*12*
1.7　人間の数量に対する感覚と情報エントロピー　*14*

第2章　混合現象／操作 ……………………………………… 17

2.1　はじめに　*17*
2.2　混合特性の評価指標　*19*
2.3　過渡応答法に基づく混合特性の評価法　*22*
　　（1）流通系混合装置　*22*
　　（2）回分系混合装置　*33*
2.4　装置内の物質の装置内各領域間移動に基づく混合特性の評価法　*43*
2.5　多成分を対象とする混合特性の評価法　*54*
　　（1）m 成分混合操作　*54*
　　（2）多相混合操作　*62*

第3章 分離現象 …………………………………………………… 82
3.1 はじめに　*82*
3.2 分離度の定義　*85*

第4章 乱流現象 …………………………………………………… 96
4.1 はじめに　*96*
4.2 速度変動の確率密度分布関数　*100*
4.3 エネルギースペクトル確率密度分布関数（ESD 関数）　*101*
4.4 スケールアップ　*114*

第5章 細粒子化操作で生じる粒子径分布 ………………………… *122*
5.1 はじめに　*122*
5.2 粒子径確率密度分布関数（PSD 関数）　*123*
（1）粒子径確率密度分布関数（PSD 関数）における変数　*124*
（2）粒子径確率密度分布関数（PSD 関数）　*125*
（3）乱流エネルギーを外部からのエネルギーとしたときの PSD 関数　　*128*
（4）乱流渦径確率密度分布との類似性　*129*

第6章 安心と不安 ………………………………………………… *141*
6.1 はじめに　*141*
6.2 安全と不安　*143*
6.3 「安心／不安」の評価指標　*144*
（1）不安を論じる視点　*144*
（2）評価指標の定義　*146*
（3）事故に対する不安度　*153*
（4）重要事項の意思決定　*155*
（5）日常の重要ではないことの意思決定　*161*

おわりに ………………………………………………………	*163*
参考文献 ………………………………………………………	*164*
索　引 ………………………………………………………	*167*

図表一覧

表 1-1　情報エントロピーの相互関係　*8*
図 1-1　情報エントロピーが最大となる確率密度分布　*14*
図 1-2　数量に対する人間の感覚　*16*
図 1-3　情報エントロピーの視点　*16*

表 2-1　混合性能を判断する指標と混合状態を判断する指標　*19*
表 2-2（a）　FBDT 翼の領域間（領域 j から領域 i）の移動確率　*52*
表 2-2（b）　45°PBT 翼の領域間（領域 j から領域 i）の移動確率　*53*
表 2-3　粒子径の 3 つのグループと連続相　*70*
図 2-1　過渡応答法　*23*
図 2-2　流通系装置におけるインパルス応答法　*24*
図 2-3　完全混合流れの RTD　*25*
図 2-4（a）　完全混合等体積槽列モデルの槽数と混合度の関係
　　　　　―完全混合等体積槽列モデル―　*30*
図 2-4（b）　完全混合等体積槽列モデルの槽数と混合度の関係
　　　　　―滞留時間確率密度分布―　*30*
図 2-4（c）　完全混合等体積槽列モデルの混合度
　　　　　―混合度に及ぼす槽数の影響―　*30*
図 2-5（a）　流通系撹拌槽　*32*
図 2-5（b）　流入口，流出口の配置　*32*
図 2-5（c）　流入口，流出口の配置の違いと混合度の関係
　　　　　―流入口，流出口の位置の違いと混合度の関係―　*33*
図 2-6　回分操作の設定条件―Ⅰ　*34*
図 2-7（a）　撹拌槽と仮想分割　*39*
図 2-7（b）　3 種の使用撹拌翼　*39*
図 2-7（c）　6 枚平羽根タービン翼を用いた場合の混合度の経時変化　*40*
図 2-7（d）　6 枚平羽根タービン翼を用いた場合の混合度の無次元時間に対する経時変化　*40*
図 2-7（e）　6 枚平羽根かい型翼および 6 枚 45 度傾斜翼を用いた場合の混合度の無次元時間に対する経時変化　*41*
図 2-8　回分操作の条件設定―Ⅱ　*43*
図 2-9　FBDT 翼と 45°PBT 翼の局所混合性能分布　*51*
図 2-10　領域 10 からトレーサーを注入した場合の混合度の経時変化　*54*
図 2-11　多成分混合操作の条件設定　*55*

図 2-12（a） FBDT 翼と 45°PBT 翼を用いた場合の 5 成分混合の比較
　　　　　　　―5 成分の仕込み位置―　*61*
図 2-12（b） FBDT 翼と 45°PBT 翼を用いた場合の 5 成分混合の比較
　　　　　　　―混合度の経時変化―　*61*
図 2-13（a）　通気攪拌槽と槽内の仮想分割　*66*
図 2-13（b）　通気攪拌槽内の混合度の経時変化　*66*
図 2-14（a）　気泡塔とその仮想分割　*68*
図 2-14（b）　気泡塔における混合度の実時間変化　*69*
図 2-14（c）　気泡塔における混合度の無次元時間変化　*69*
図 2-15　分散相の装置内局所粒径分布および連続相の装置内分布と混合度
　　　　　―（a）仮想分割，（b）仮想分布，（c）完全分離状態，（d）完全一様分布―　*71*
図 2-16　固体粒子混合における混合度と翼回転速度の関係　*74*
図 2-17（a），（b）　トレーサー注入位置と混合度の軸方向変化の関係
　　　　　　　　　―注入されたトレーサーの等濃度線図―　*77*
図 2-17（c）　トレーサー注入位置と混合度の軸方向変化の関係
　　　　　　　―混合度の軸方向変化―　*78*
図 2-18（a），（b）　円管内乱流場の局所混合性能
　　　　　　　　　―r-z 断面および r-θ 断面におけるトレーサー粒子の分散状態―　*80*
図 2-18（c）　円管内乱流場の局所混合性能
　　　　　　　―局所混合性能の半径方向分布―　*81*

表 3-1　2 成分分離操作　*84*
表 3-2　混合および分離に関する評価指標の相互関係　*94*
表 3-3　蒸留操作条件と分離度　*95*
図 3-1　2 成分分離操作　*84*
図 3-2　分離操作の条件設定　*86*
図 3-3（a）　2 成分分離操作における分離度
　　　　　　―Eq.（3.13）で定義された分離度と Newton 効率の比較―　*91*
図 3-3（b）　2 成分分離操作における分離度
　　　　　　―Eq.（3.13）で定義された分離度の S 字型曲線―　*92*
図 3-4　石油精製用蒸留塔の例　*93*

表 4-1　従来の乱流エネルギースペクトル確率密度分布関数　*101*
表 4-2　攪拌槽のスケールアップ則　*116*
表 4-3　円管のスケールアップ　*120*
図 4-1　乱流場の速度変動とその確率密度分布　*100*
図 4-2　α, β の組み合わせと ESD 曲線
　　　　（$K_1=1$ としたときの ESD）　*105*

図表一覧　*xi*

図4-3　ESDの実測値とEq. (4.7) で定義されたESD関数でカーブフィッティングした結果の比較　*107*
図4-4　流速変動測定位置（翼吐出流領域）　*108*
図4-5　撹拌槽吐出流領域のESDと槽内径の関係　*108*
図4-6　最小渦群の平均波数と動粘性係数の関係　*108*
図4-7　0.6wt%CMC水溶液のレオロジー曲線　*111*
図4-8　指数則流体のESD　*111*
図4-9　撹拌槽吐出流領域の速度二重相関（U_T：翼先端速度）　*117*
図4-10　ESD曲線とスケールアップ則　*118*
図4-11　円管内乱流のESD　*120*
図4-12　円管内乱流の渦群数と管内径の関係　*121*

表5-1　パラメーター値　*131*
図5-1 (a)　Rosin-Rammler確率密度分布の場合のPSD　*131*
図5-1 (b)　Rosin-Rammler確率密度分布の場合の実現確率　*132*
図5-1 (c)　対数正規確率密度分布の場合のPSD　*132*
図5-1 (d)　正規確率密度分布の場合のPSD　*133*
図5-2　液一液撹拌における液滴径分布の表示　*135*
図5-3　撹拌支配と通気支配　*135*
図5-4　通気撹拌における気泡径分布の表示　*137*
図5-5　晶析槽における結晶粒子径分布への応用　*138*
図5-6　粉砕操作における砕製物粒子径分布への応用　*140*

表6-1　Tverskyらの結果との比較　*151*
表6-2　Stanford-Berkeleyのフットボールの試合の賭け　*152*
図6-1　不確実さの程度を示す情報エントロピーの分布　*146*
図6-2　確率Pのときの不確実さと最大最大の不確実さとの差　*147*
図6-3　不安度／期待度曲線　*149*
図6-4　客観確率と主観確率の差　*150*
図6-5　Stanford-Berkeleyのフットボールの試合の賭けの意思決定　*153*
図6-6　事故に対する不安　*155*
図6-7　2つのユニットの改善優先順位決定　*156*
図6-8 (a)　改善策を検討するケース
　　　　　（現在利益G_p，成功時最大利益G_{max}）　*157*
図6-8 (b)　改善策を検討するケース
　　　　　（現在利益G_p，成功時最大利益G_{max}失敗時損失L（一定））　*157*
図6-8 (c-1)　改善策を検討するケース
　　　　　（現在利益G_p，成功時最大利益G_{max}失敗時損失Qの関数（最大L_{max}））　*157*

図 6-8（c-2） 改善策を検討するケース
　　　　　　（現在利益 G_p，成功時最大利益 G_{max} 失敗時損失 Q の関数（最大 L_{max}））　　*157*
図 6-8（d）　改善策を検討するケース
　　　　　　（現在損失 L_p，失敗時損失 L（一定））　　*158*
図 6-8（e）　改善策を検討するケース
　　　　　　（現在損失 L_p，失敗時損失 Q の関数（最大 L_{max}））　　*158*
図 6-9　期待度の視点からの改善策を実施すべきかどうかの意思決定　　*159*
図 6-10　不安度の視点からの改善策を実施すべきかどうかの意思決定　　*160*
図 6-11　重要でないことの判断ウェイト P^n　　*161*
図 6-12　重要でないことの判断ウェイトを加味した不安度／期待度　　*162*

第1章
情報エントロピー

1.1 はじめに

化学工学で取り扱う現象は2つに大別される.
① 微分方程式などで記述でき確定できる現象.
② 確率的手法によってしか確定できない現象.

前者の微分方程式などで記述でき確定できる現象は,ニュートン力学をはじめとする基礎的概念に基づいて説明することができ,何らその取り扱いに対して特別の方法論を導入する余地はない.しかし混合現象や分離現象のような,後者の確率的手法によってしか確定できない現象は,それぞれの現象ごとに別々の方法論に基づいて検討されてきた.つまり,確率的手法によってしか確定できない現象を一貫した視点で取り扱う方法論はなかった.筆者は,確率的手法によってしか確定できない現象は,一貫した視点で取り扱うべきであると考え,その一貫した視点として情報エントロピーの導入に到達した.

> 課題1. 新たなメガネ(視点/方法)"情報エントロピー"とは?

それでは以下で,情報エントロピーの要点とその特徴を明らかにする.また,情報エントロピーの導入の妥当性を検討するために,人間の有する量的感覚についても議論する.情報エントロピーの表示と人間の有する量的感覚の表示とを比較することによって,少なくとも化学工学の新展開,新手法を志す読者には,情報エントロピーを導入する妥当性が理解できるはずである.

1.2 情報

情報エントロピーにおける「情報 (information)」とは，その形態（記述，伝聞等）や，その価値（好き嫌い，良し悪し等）などには一切関係なく，「不確実な知識をより確実な知識にしてくれるもの」である．例えば，FIFA World Cup 2006 の結果を知らない者にとっては，イタリアが優勝したというニュースは，サッカーが好き嫌いに関係なく情報である．

1.3 情報量

「情報量 (amount of information)」は情報の大きさを定量的に表現する技術用語である．この「情報量」は，「その情報を得たことによって知識の不確実さがどのくらい減少したか，どのくらい確実になったか？」で表さざるを得ない．生じる可能性のある結果が複数存在するから知識が不確実になっているわけで，これがどのくらい確実になったかを示すには，生じる可能性のある結果の数がどのくらい減少したかで表すことが妥当である．したがって，結果が知らされたときに得られる「情報量 I」は，「その情報が知らされる以前に生じる可能性のあった結果の数 n」で次式のように測ることができる．

$$I = \log n \tag{1.1}$$

ここで対数が使われているのは，情報が 1 回で与えられても，数回に分けて与えられても得られる「情報量」には変わりがあってはならない，という条件を満たす唯一の表示法が対数表示だからである．例えば，確率の話のときにすぐ引き合いに出されるサイコロを振る場合を例として取り上げてみる．サイコロが振られたとき「どの目が出たか？」という不確実さが頭をよぎる．「5 が出た」と言われたときに得られる情報量は，サイコロの目は 6 つしかなく，その中の 1 つの目が出たことから，Eq.(1.1) にしたがって

$$I_5 = \log 6$$

となる．これだけの不確実さが，「5 が出た」と知らされて減少したことになる．

しかし,「5が出た」と1回で知らされなくても,「奇数が出た」,続いて「最も大きい数が出た」と知らされても5の目が出たことがわかる.この後者の2回に分けて知らされたときの,それぞれで得られる情報量は,数字には奇数と偶数の2種類しかないこと,奇数には1, 3, 5の3種類しかないことから,それぞれ

$$I_{奇数}=\log 2$$

$$I_{最大数}=\log 3$$

となる.ここで両者の和をとると

$$I_{奇数}+I_{最大数}=\log 2+\log 3=\log 6=I_5$$

となって,1回で「5が出た」と言われたときの情報量と等しくなる.このように,対数は情報が1回で与えられても数回に分けて与えられても得られる「情報量」には変わりがあってはならないという条件を完全に満足する.

生じる可能性のある結果の数 n があまりにも膨大な数になると記述も大変になるし,取り扱いも面倒になる.そこで「生じる確率 $P(=1/n)$ で測る」方が記述も楽で実際的でもあるので,Eq.(1.1)に代わって次式が情報量の表次式として汎用される.

$$I=-\log P \tag{1.2}$$

前述のサイコロが振られて「5が出た」と言われたときに得られる情報量は,サイコロのどの目も出る確率は1/6であり,6つの目の中の1つの目が出たことになるから

$$I_{1/6}=-\log(1/6)=\log 6$$

となる.結果は,もちろんであるが,前述と同じ情報量になる.もしイカサマのサイコロを用いた場合は,各目の出る確率はそれぞれ異なるので,Eq.(1.2)では対応する目の出る確率を用いる必要がある.

1.4 結果が知らされる以前にもっている平均の情報量

前節では結果が知らされたときに得られる情報量について示した.本節では,結果が知らされる以前に「どの程度の不確実さをもっているか?」,つまり「どの結果が生じるか?」という不確実さの表示法を示す.具体的には以下

のような不確実さを対象とする．
① 1つのサイコロを振るとき，「どの目が出るか？」
② 複数のサイコロを振るとき，「それぞれのサイコロでどの目が出るか？」
③ 居酒屋で客が入ってきたとき，「どの酒とどの酒肴を注文するか？」
④ 居酒屋で客が入ってきたとき，「酒aを注文したとき，どの酒肴を注文するか？」
⑤ 居酒屋で客が入ってきたとき，「どの酒肴を注文するか？ただし注文した酒が何であるかは知らせてあげる」

したがって現象／事象系としては以下の2つの場合を対象とする．
① 単一の現象／事象系を対象とする場合（例えば1つのサイコロを振るような場合）
② 複数の現象／事象系を対象とする場合（いくつかのサイコロを振るような場合）

（1） 単一事象系を対象とする場合の平均情報量—自己エントロピー（1つのサイコロを振るとき，「どの目が出るか？」）

単一事象系Xで「どの事象が生じるか？」という結果を知らされる以前に持っている不確実さは，それぞれの結果が知らされたときに得られるそれぞれの情報量の平均値として表される．この場合の平均のとり方としては，それぞれの結果が知らされる確率，すなわちそれぞれの結果が生じる確率を，それぞれの結果が知らされたときに得られる情報量に乗じて総和をとることになる．

$$H(X) = -\sum_i P_i \log P_i \qquad (1.3)$$

この平均情報量が情報エントロピー（information entropy）である．とくに，単一事象系を対象とする場合の平均情報量は自己エントロピー（self entropy）と呼ばれる．例えば，前記のサイコロの場合，結果が知らされる以前に持っている不確実さ，すなわち自己エントロピーは

$$H(X) = -\frac{1}{6}\log\frac{1}{6}-\frac{1}{6}\log\frac{1}{6}-\frac{1}{6}\log\frac{1}{6}-\frac{1}{6}\log\frac{1}{6}-\frac{1}{6}\log\frac{1}{6}-\frac{1}{6}\log\frac{1}{6}=\log 6$$
$$\log_e 6 = 1.7918$$

となる．この値は，前節の「5 が出た」と結果を知らせる情報がもたらす情報量に等しい．では 1 の目が出る確率が 1/2 で他の目が出る確率が 1/10 のイカサマのサイコロの場合の結果が知らされる以前に持っている不確実さ，すなわち自己エントロピーは

$$H(X) = -\frac{1}{2}\log\frac{1}{2} - \frac{1}{10}\log\frac{1}{10} - \frac{1}{10}\log\frac{1}{10} - \frac{1}{10}\log\frac{1}{10} - \frac{1}{10}\log\frac{1}{10} - \frac{1}{10}\log\frac{1}{10}$$

$$= \frac{1}{2}(\log 2 + \log 10)$$

$$\frac{1}{2}(\log_e 2 + \log_e 10) = 1.4978$$

となる．

情報エントロピーの単位は，対数の底に何をとるかによって異なり，

$$H = -\sum_i P_i \log_2 P_i \quad \text{[binary unit], [bit], [digit]}$$

$$H = -\sum_i P_i \log_e P_i \quad \text{[natural unit], [nat]}$$

$$H = -\sum_i P_i \log_{10} P_i \quad \text{[decimal unit], [dit], [Hartley]}$$

の 3 種類ある．しかし，通常は情報エントロピーの相対値を問題にすることが多いので，単位はあまり重要ではない．

●　エントロピー　●

entropy という言葉は，1850 年代の Clasius が energy を念頭において造った造語である．energy の en は英語の in にあたるギリシャ語接頭語，erg はギリシャ語の「仕事」を意味する ergon，y は「者」を意味するギリシャ語接尾語であり，「仕事を担当する者」ということになる．これに対して entropy は energy の en にギリシャ語の「変化」を意味する trope と結びつけたもので「変化を担当する者」ということになる．

情報エントロピーという呼び方は，Eq.(1.3) の式形が熱力学におけるエントロピーと同じであることからこう呼ばれるが，負記号がついているためネゲントロピーと呼ばれることもある．

---

(2) 複数事象系を対象とする場合の平均情報量

複数の事象系といっても，いくつかのサイコロを振るような互いにまったく関係のない複数の事象系と，酒肴とワインの選択のように互いに何らかの関係

のある複数事象系とがある．したがって複数事象系を対象とするときは，事象間に何らかの関係があるか否かによって取り扱い方が異なる．以下では議論を簡単にするために以下の2現象／2事象系を主として取り上げる．

① 独立系：事象間に何も関係がない事象系（例えば，2個のサイコロを振る場合）

② 非独立系：事象間に何らかの関係がある事象系（例えば酒と酒肴の注文の場合）．完全に1：1に対応する事象系もこれに含まれる．

(a) 結合エントロピー

（複数のサイコロを振るとき，「それぞれのサイコロでどの目が出るか？」，居酒屋で客が入ってきたとき，「どの酒とどの酒肴を注文するか？」）

互いにまったく関係のない複数事象系，例えば2個のサイコロを振るような2事象系 (X, Y) の場合の，「それぞれの事象系で何が生じるか？」という結果を知らされる以前にもっている不確実さは次式で表される．

$$H(X, Y) = -\sum_i \sum_j P_{ij} \log P_{ij} \tag{1.4}$$

ここで P_{ij} は，事象系 X で事象 i が，事象系 Y では事象 j が生じる結合確率である．この平均情報量は結合エントロピー（combined entropy）と呼ばれる．

もちろんこの場合も，事象系 (X) についての自己エントロピーは $\sum_j P_{ij} = P_i$ であるから

$$H(X) = -\sum_i \left\{ \left(\sum_j P_{ij}\right) \log \left(\sum_j P_{ij}\right) \right\} = -\sum_i P_i \log P_i \tag{1.5}$$

となり Eq.(1.3) と等しくなる．

(b) 条件付エントロピーと相互エントロピー

（居酒屋で客が入ってきたとき，「酒 a を注文したけれど，どの酒肴を注文するか？」，居酒屋で客が入ってきたとき，「どの酒肴を注文するか？ただし注文した酒が何であるかは知らせてあげる」）．

互いに何らかの関係のある複数事象系，例えば酒肴とワインの選択のような2事象系 (X, Y) の場合の，「それぞれの事象系で何が生じるか？」という結果を知らされる以前にもっている不確実さは次のように導かれる．

「事象系 Y で事象 a が生じるという条件下で，事象系 X で何が生じるか？」

という不確実さは次式で表される.

$$H(X/a) = -\sum_i P(X/a)\log P(X/a) \equiv -\sum_i P_{i/a}\log P_{i/a} \qquad (1.6)$$

ここで $P_{i/a} = P(X/a)$ は事象系 Y で事象 a が生じるという条件下で事象系 X において事象 i が生じる条件付確率である.ところで事象系 Y で事象 a が常に生じるわけではなく,事象 a が生じる確率は P_a でしかない.したがって,事象系 Y で a が生じることが知らされたうえで,「事象系 X で何が生じるか？」という不確実さは $P_a \times H(X/a)$ ということになる.事象系 Y には a 以外の他の事象も生じ得るから,事象系 Y のそれぞれの事象が生じることを知らされたうえで,それぞれに上記のような不確実さがあることになる.したがって,事象系 Y のどの事象が生じたかを知らされるという条件の下で「事象系 X ではどの事象が生じるか？」という不確実は次式で表されることになる.

$$H(X/Y) = \sum_j P_j H(X/j) = -\sum_j \sum_i P_j P_{i/j} \log P_{i/j} = -\sum_j \sum_i P_{ij} \log P_{i/j} \qquad (1.7)$$

と表される.この平均情報量は条件付エントロピー（conditional entropy）と呼ばれる.

さて,事象系 Y でどの事象が生じるか知らされない場合に「事象系 X でどの事象が生じるか？」という不確実さは Eq.(1.3) で表されるが,「事象系 Y でどの事象が生じるか知らされる」というだけで,その不確実さは $H(X/Y)$ に減少するわけであるから,「事象系 Y でどの事象が生じるかを知らされる」という情報がもたらす情報量 $I(X;Y)$ は

$$I(X;Y) = H(X) - H(X/Y) = -\sum_i P_i \log P_i + \sum_i \sum_j P_{ij} \log P_{i/j} \qquad (1.8)$$

と表される.この平均情報量は相互エントロピー（mutual entropy）と呼ばれる.2つの事象が完全に1対1に対応している場合は,相互エントロピーは無意味である.すなわちこの場合は $H(X/Y)=0$ であり,無意味となることは当然の結果である.

以上の各情報エントロピーの間には,事象がおかれた状況ごとに表 1-1 の関係がある.

表 1-1 情報エントロピーの相互関係

	Joint entropy	Conditional entropy	Mutual entropy
exclusive phenomena	$H(X,Y)=H(X)+H(Y)$	$H(X/Y)=H(X)$ $H(Y/X)=H(Y)$	$I(X;Y)=0$
non-exclusive phenomena	$H(X,Y)<H(X)+H(Y)$	$H(X/Y)<H(X)$ $H(Y/X)<H(Y)$	$I(X;Y)=H(X)-H(X/Y)$ $=H(Y)-H(Y/X)$
corresponding phenomena(1:1)	$H(X,Y)=H(X)=H(Y)$	$H(X/Y)=0$	$I(X;Y)=(HX)$

1.5 連続変化量に対する情報エントロピー

前節まではサイコロの目のようにディスクリートに変わる量を独立変数とする事象系を対象としてきたが,化学工学では時間のように連続的に変化する量を独立変数とする事象系も多いので,連続的に変化する量を独立変数とする事象系に対しても情報エントロピーを考えておく必要がある.連続的に変化する量を独立変数とする事象系に対しても平均情報量を定義することができる.

この場合,Eq.(1.3)における確率 P_i に対応する値としては,連続変数 t_i における確率密度 $p(t_i)$ と連続変数の微小変化 Δt の積である確率 $p(t_i)\Delta t$ が対応することになる.この考え方を Eq.(1.3) に導入すると

$$H(t)=-\sum_i P_i \log P_i = -\lim_{\Delta t \to 0}\sum_i p(t_i)\Delta t \log\{p(t_i)\Delta t\} \\ =-\int_0^\infty p(t)\log p(t)dt - \lim_{\Delta t \to 0}\log \Delta t \tag{1.9}$$

と表されることになる.この式の右辺第 2 項は常に無限大となり,確率密度分布が変化した場合にその変化に応じた値の変化を示す項は第 1 項だけである.そこで,連続的に変化する変数 t に対する情報エントロピー $H(t)$ は次式のように定義される.

$$H(t)=-\int p(t)\log p(t)dt \tag{1.10}$$

化学工学では，他の工学における現象と同じように，ディスクリートに変化する量だけではなく連続的に変化する量を独立変数とする現象を対象とすることも多く，Eq.(1.10)で定義される情報エントロピーはEq.(1.3)とともに極めて重要である．

1.6 情報エントロピーが最大値をとる確率密度分布関数

自然界は情報エントロピーが最大となるように振舞うといわれる．そこで本節では，ある条件が与えられたときに情報エントロピーは最大値をとる確率密度分布関数を明らかにする．ここで対象とする情報エントロピーは，ディスクリートな独立変数Xに対する情報エントロピー$H(X)$よりも数学的に取り扱いやすい連続的に変化する独立変数tに対する情報エントロピー$H(t)$である．代表的な3つの条件の下で，この情報エントロピーが最大値をとる確率密度分布関数$p(t)$の形を示す．

（1）変数tの変化範囲が$-R \leq t \leq R$と定まっている場合

この場合に確率密度分布関数$p(t)$に与えられている条件は規格化条件

$$\int_{-R}^{R} p(t)dt = 1$$

と与条件

$$-R \leq t \leq R$$

である．この場合の情報エントロピーは

$$H(t) = -\int_{-R}^{R} p(t)\log p(t)dt$$

である．したがって上記の制限の下で情報エントロピーを最大にする$p(t)$を求めればよいことになる．変分法を用いると，確率密度分布関数$p(t)$が

$$p(t) = \frac{1}{2R} \tag{1.11}$$

をとるときに（図1-1）情報エントロピーは最大値をとることがわかる．その

ときの最大値は，この $p(t)$ の値を用いて
$$H(t)_{\max}=\log(2R)$$
と得られる．変数 t の範囲が $-R \leq t \leq R$ と定められている場合に「どの t 値の事象が生じるか？」という不確実さは，この範囲のすべての t の範囲で同じ確率密度をとるときが最大になることは，感覚的にも容易に理解できる結果である．

●　**変数 t の変化範囲が $-R \leq t \leq R$ と定まっている場合の変分法**　●

変分法にしたがって未定係数 λ を導入して変分をとると
$$\frac{\partial}{\partial p(t)}\int_{-R}^{R}\{-p(t)\log p(t)\}dt+\lambda\frac{\partial}{\partial p(t)}\left\{\int_{-R}^{R}p(t)dt-1\right\}=0$$
となり
$$-\{1+\log p(t)\}+\lambda=0$$
の関係式が得られる．この式を書き改めると
$$p(t)=\exp(\lambda-1)$$
となり，λ の値はこの式を規格化条件に代入して得られる
$$\exp(\lambda-1)\cdot 2R=1$$
の関係を満足する値である．結局，確率密度分布関数 $p(t)$ が
$$p(t)=\frac{1}{2R}$$
となるときに情報エントロピーは最大値をとることがわかる．そのときの最大値は，この $p(t)$ の値を用いて
$$H(t)_{\max}=\log(2R)$$
と得られる．

---

(2)　変数 t が正でかつその平均値が A と定まっている場合

この場合に確率密度分布関数 $p(t)$ に与えられている条件は規格化条件
$$\int_{0}^{\infty}p(t)dt=1$$
と与条件
$$\int_{0}^{\infty}tp(t)dt=A$$
である．この場合の情報エントロピーは

$$H(t)=-\int_0^\infty p(t)\log p(t)dt$$

で表される．したがって上記の制限の下で情報エントロピーを最大にする $p(t)$ を求めればよいことになる．変分法を用いると，確率密度分布関数 $p(t)$ が

$$p(t)=\frac{1}{A}\exp\left(-\frac{t}{A}\right) \tag{1.12}$$

をとるとき（図 1-1）に情報エントロピーは最大値をとることがわかる．その最大値は，この $p(t)$ の値を用いて

$$H(t)_{\max}=\log(eA)$$

と得られる．Eq.(1.12) で表される確率密度分布関数は，化学工学ではよく見かける関数である．

● **変数 t が正かつその平均値が A と定まっている場合の変分法** ●

変分法にしたがって未定係数 λ_1, λ_2 を導入して変分をとると

$$\frac{\partial}{\partial p(t)}\int_0^\infty\{-p(t)\log p(t)\}dt+\lambda_1\frac{\partial}{\partial p(t)}\left\{\int_0^\infty p(t)dt-1\right\}+\lambda_2\frac{\partial}{\partial p(t)}\left\{\int_0^\infty tp(t)dt-A\right\}=0$$

となり

$$-\{1+\log p(t)\}+\lambda_1+\lambda_2 t=0$$

の関係式が得られる．この式を書き改めると

$$p(t)=\exp(\lambda_1-1+\lambda_2 t)$$

となる．$\lambda_2<0$ となることを仮定してこの式を規格化条件に代入すると

$$-\frac{1}{\lambda_2}\exp(\lambda_1-1)=1$$

となり λ_1 は λ_2 を用いて表すことができ，$p(t)$ は

$$p(t)=-\lambda_2\exp(\lambda_2 t)$$

となる．さらに λ_2 の値は与条件に代入して得られる

$$-\frac{1}{\lambda_2}=A$$

の関係を満足する値であり，この値は仮定した $\lambda_2<0$ の条件を満足している．結局，確率密度分布関数 $p(t)$ が

$$p(t)=\frac{1}{A}\exp\left(-\frac{t}{A}\right)$$

をとるときに情報エントロピーは最大値をとることがわかる．その最大値は，この $p(t)$ の値を用いて

$$H(t)_{\max}=\log(eA)$$

と得られる．

（3） 変数 t の分散値が σ^2 に定まっている場合

この場合に確率密度分布関数 $p(t)$ に与えられている条件は規格化条件

$$\int_{-\infty}^{\infty}p(t)dt=1$$

と与条件

$$\int_{-\infty}^{\infty}t^2p(t)dt=\sigma^2$$

である．この場合の情報エントロピーは

$$H(t)=-\int_{-\infty}^{\infty}p(t)\log p(t)dt$$

と表される．上記の制限の下で情報エントロピーを最大にする $p(t)$ を求めればよいことになる．変分法を用いると，確率密度分布関数 $p(t)$ が

$$p(t)=\frac{1}{(2\pi\sigma^2)^{1/2}}\exp\left(-\frac{t^2}{2\sigma^2}\right) \tag{1.13}$$

をとるとき（図 1-1），すなわち正規分布（ガウス分布）を示すときに情報エントロピーは最大値をとることがわかる．その最大値は，この $p(t)$ の値を用いて

$$H(t)_{\max}=\log(2\pi e\sigma^2)$$

となる．

Eq.(1.13)で表される正規分布は最も広く知られている関数である．化学工学の分野でも，統計量として分散値を計算し，その分散値に基づいて種々の議論がなされることが多い．分散値を云々できるのは少なくとも関数型（分布型）が同一のものを比較検討する場合に限られることは言うまでもないが，情

報エントロピーの視点から見るならば，さらにその関数型が正規分布を示す場合に極めて重要な意味をもつことが理解できる．

● **変数 t の分散値が σ^2 に定まっている場合の変分法** ●

変分法にしたがって未定係数 λ_1，λ_2 を導入して変分をとると

$$\frac{\partial}{\partial p(t)} \int_{-\infty}^{\infty} \{-p(t)\log p(t)\}dt + \lambda_1 \frac{\partial}{\partial p(t)} \left\{ \int_{-\infty}^{\infty} p(t)dt - 1 \right\} + \lambda_2 \frac{\partial}{\partial p(t)} \left\{ \int_{-\infty}^{\infty} t^2 p(t)dt - \sigma^2 \right\} = 0$$

となり

$$-\{1 + \log p(t)\} + \lambda_1 + \lambda_2 t^2 = 0$$

の関係式が得られる．この式を書き改めると

$$p(t) = \exp(\lambda_1 - 1 + \lambda_2 t^2)$$

となる．$\lambda_2 < 0$ となることを仮定して規格化条件に代入すると

$$\exp(\lambda_1 - 1) = \left(-\frac{\lambda_2}{\pi}\right)^{1/2}$$

となり λ_1 は λ_2 を用いて表すことができ，$p(t)$ は

$$p(t) = \left(-\frac{\lambda_2}{\pi}\right)^{1/2} \exp(\lambda_2 t^2)$$

となる．さらに λ_2 の値は与条件に代入して得られる

$$\frac{1}{2(-\lambda_2)} = \sigma^2$$

の関係を満足する値であり，結局，確率密度分布関数 $p(t)$ が

$$p(t) = \frac{1}{(2\pi\sigma^2)^{1/2}} \exp\left(-\frac{t^2}{2\sigma^2}\right)$$

をとるとき，すなわち正規分布を示すときに情報エントロピーは最大値をとることがわかる．その最大値は，この $p(t)$ の値を用いて

$$H(t)_{\max} = \log(2\pi e \sigma^2)$$

となる．

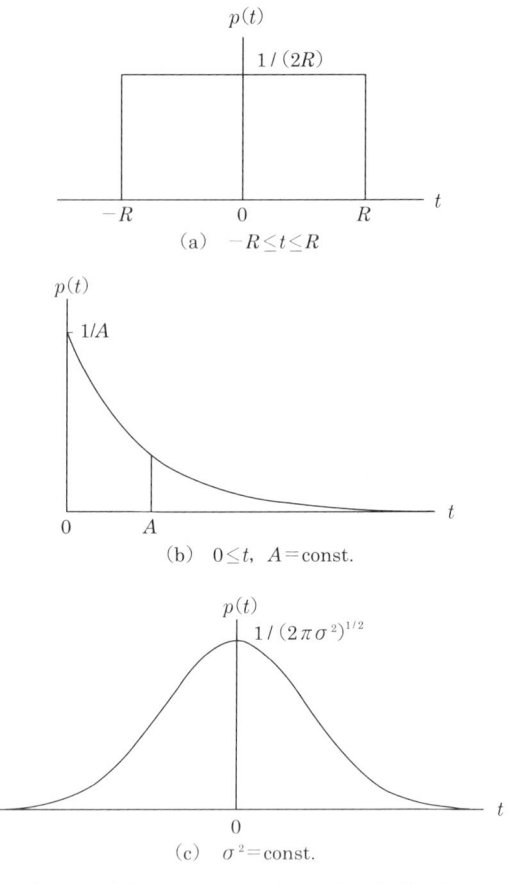

図1-1　情報エントロピーが最大となる確率密度分布

1.7　人間の数量に対する感覚と情報エントロピー

　情報エントロピーと人間の感覚とが1対1に対応していれば，視点としての情報エントロピーの価値は上がる．本節では，われわれ人間の量的感覚と情報エントロピーとの関係について議論する．われわれの日常の会話では，数量については，大まかに大きさの順に

　　　「0」，「2〜3」，「5〜6」，「10」，「2〜30」，「5〜60」，「100」，…

といった表現がなされる．英語でも

「zero」,「a few」,「several」,「ten」,「a few tens」,「several tens」,
「hundred」,…

といった表現がある．このことは，われわれの数量に対する感覚がこれらの表現の順番に1ステップずつ大きい方へ変化しており，そのステップ間の感覚的な差異は表現する絶対量の違い程はなく，ほとんど同じと考えてよい．逆に，数量に対する感覚的変化量が等しくなるように，それぞれの表現が造られたとさえ思われる．

そこでこのような数量に対してステップ状に変化する表現を横軸に等間隔にとり，対応する絶対量を10のべき数を用いて表したときのその指数を縦軸にとって示すと，図1-2のように，原点を通る直線で相関することができる．このことは，人間の数量に対する感覚が具体的数量を10のべき乗で表したときの指数に比例し，人間の数量に対する感覚が対数的に変化することを示している．このことは，人間が受ける感覚と刺激の関係を表したWeber-Fechner lawに近い．

● 人間が受ける感覚と刺激の関係 ●

刺激が与えられたときに人間が受ける感覚と刺激の間にはある関係があることが知られている．最も代表的な関係は以下の2つである．

① Weber-Fechner law:

$E = K\log(I/I_0)$

（E：感覚，I：刺激，I_0：刺激の閾値）

② Stevens law:

$E = C(I-I_0)^n$ or $\log E = n\log(I-I_0) + \log C$

（C：係数）

以上のことと，情報エントロピーが対数で表現されていることを比較して考えると，情報エントロピーは人間の数量に対する感覚を見事にそのまま表現していると考えることができる．

16

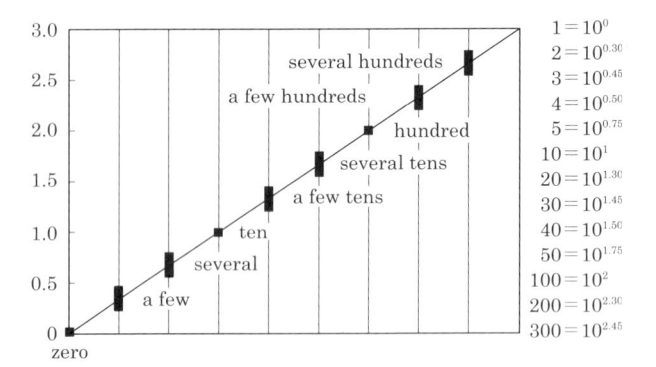

$1 = 10^0$
$2 = 10^{0.30}$
$3 = 10^{0.45}$
$4 = 10^{0.50}$
$5 = 10^{0.75}$
$10 = 10^1$
$20 = 10^{1.30}$
$30 = 10^{1.45}$
$40 = 10^{1.50}$
$50 = 10^{1.75}$
$100 = 10^2$
$200 = 10^{2.30}$
$300 = 10^{2.45}$

図1-2　数量に対する人間の感覚

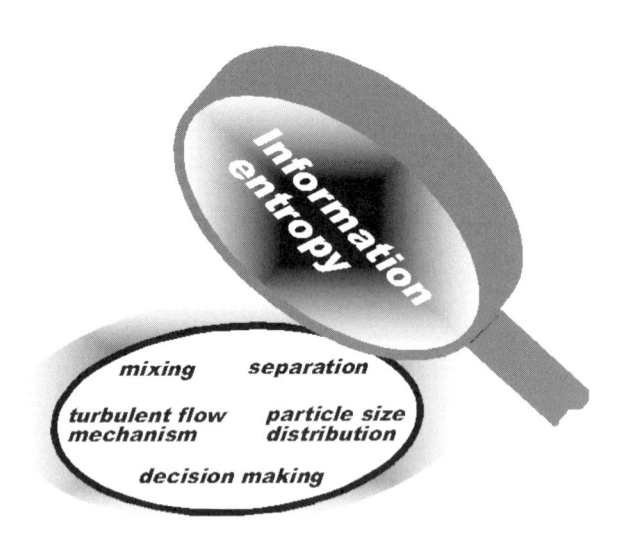

図1-3　情報エントロピーの視点

第2章

混合現象／操作

2.1 はじめに

　攪拌・混合という操作は，原始人が料理を始めたときに遡ることができる．その後数千年が経過するが，攪拌・混合現象は未だに十分に明らかにされていない．

　化学装置内の攪拌・混合現象は，例えば流体混合の場合，まず装置内の流体の強制的な流れ，つまり対流と，それによって生じるランダムな運動，つまり乱流変動によって進行する．一般に流体の強制的な流れは攪拌翼などの可動部分によって惹き起こされる．その混合はスケールの大きさによって
　① 巨視的混合（macro mixing）
　② 微視的混合（micro mixing）
の2つに大きく分けて考えることができる．巨視的混合は，装置内の物質の肉眼観察や通常の濃度検出器による測定によって十分識別できる程度の比較的大きな空間内での混合であり，微視的混合は流体の分子的レベルの混合である．しかし流体混合の場合は分子的レベルの混合をとらえることは極めて困難であり，装置空間の大きさより十分に小さいが分子の大きさよりは十分に大きい程度の空間内での混合も化学工学においては微視的混合の範疇に入れている場合が多い．

> ● **化学工学における異相系攪拌・混合の特徴** ●
>
> 　液―液攪拌・混合は，抽出，高分子重合，エマルション重合などで広く利用される操作である．一般に，相互に不可溶な液―液系では一方の液が他方の液に分散し，体積の小さい方の液が液滴となる．しかし，両液の体積がほぼ等しい場合にはどちらが液滴となるかは明確ではない．
>
> 　ガス吹込みによる液―気攪拌・混合は，水添反応，塩素化反応など化学反応および生物培養の場合に重要な操作である．
>
> 　固―液攪拌・混合は，液中に固体粒子を浮遊させる場合によく用いられ，固体溶解，固体触媒反応，晶析にとって重要な操作である．
>
> 　固―固混合は，他の異相系混合と異なり，液相を含んでいないが化学工業では広く見られる操作である．この混合は外力が重力や表面力より大きくなったときに促進される．その機構は大きく3つに分けられる．
> 　① 対流混合（装置や翼の回転で生じる対流に依存する）
> 　② せん断混合（固体粒子間の速度差による摩擦や衝突に依存する）
> 　③ 拡散混合（粒子の表面状態，形状，接触状態などに起因する粒子のランダムウオークに依存する）

　化学工業における代表的な混合装置は可動部分として攪拌翼を有する攪拌槽である．攪拌槽自体がプロセスの主要部分となる場合もあるが，プロセスの背後に位置づけられて地味な役割を演じている場合が多い．しかし，攪拌操作／装置の成否がプロセスの成否に大きく影響することは確かである．複雑な混合現象の積み重ねの結果を利用する攪拌操作／装置の目的は2つある．
　① 単なる混ぜ合わせ
　② 熱・物質の移動速度や反応速度の制御

　攪拌翼を用いた液―液系，液―気系，液―固系の攪拌操作における第一目的は，連続相と分散相の2相の界面積を増加させるために液滴／気泡／固体粒子を槽内へ均一に分散させることにある．化学工学として最も重要な目的は移動現象や反応の制御にあるが，以下ではより基礎的な前者の単なる混ぜ合わせを目的とする操作／装置についても一貫した取り扱いがなされていないことを考え，この混ぜ合わせを目的とする場合の操作／装置の評価に焦点を絞る．

2.2 混合特性の評価指標

混合操作／装置の混合特性の評価を行う指標は，2つに大きく分けることができる．
① 混合性能を判断する指標
② 混合状態を判断する指標

表2-1 混合性能を判断する指標と混合状態を判断する指標

Index of mixing capacity	Index of mixing state
Flow system: $$\frac{1}{T}\left\{\int_0^\infty E(t)(t-T)^2 dt\right\}^{1/2}$$ T: average residence time $E(t)$: residence time probability density distribution function Batch system: $$\frac{1}{T_C}\left\{\int_0^\infty E_C(t)(t-T_C)^2 dt\right\}^{1/2}$$ T_C: average circulation time $E_C(t)$: circulation time probability density distribution function Mixing time:	$\dfrac{\sigma_0^2-\sigma^2}{\sigma_0^2-\sigma_r^2}$ $\dfrac{\sigma_0-\sigma}{\sigma_0-\sigma_r}$ $\dfrac{\sigma_r}{\sigma}$ $1-\dfrac{\sigma^2}{\sigma_0^2}$ $1-\dfrac{\sigma}{\sigma_0}$ $1-\dfrac{\sigma^2}{\sigma_0^2}$ $\dfrac{\ln\sigma_0^2-\ln\sigma^2}{\ln\sigma_0^2-\ln\sigma_r^2}$ σ_0^2: standard deviation in case of complete separation state σ_r^2: standard deviation in case of final state

(a) Fluid-fluid mixing (b) Solid solid mixing

混合性能を判断する指標は，装置の混ぜ合わせ能力に関する指標であり，混合状態を判断する指標は装置内の混ぜ合わされた状態に関する指標である．しかしながら，混合性能を判断する指標と混合状態を判断する指標を取り立てて区別して議論する必要はない．なぜならば，混合性能は混合状態の経時変化すなわち混合速度に基づいて判断することができるからである．一方，単なる混ぜ合わせを目的とする混合操作／装置の場合に，混合が終了するまでの時間が混合時間として注目されることがあるが，空間および時間の関数としての混合過程，すなわち混合状態の経時変化を無視していては，制御手段としての混合操作／装置の最適化にまで議論を展開することは到底できない．混合速度は移動現象や反応にとって最適な装置／操作を議論する場合に欠くことのできない因子である．従来の混合特性を表す指標を，前述の両指標で分類すると表 2-1 のようになる．

● 滞留時間，循環時間，混合時間 ●

滞留時間（residence time）：装置内に流入した物質がその装置内にとどまっている時間である．滞留時間分布を確率密度分布で表したものを滞留時間確率密度分布（Residence time probability density distribution），同分布の平均値を平均滞留時間（Average residence time）という．

循環時間（Circulation time）：ある時間に装置内の特定の検査面を通過した物質が，再びその検査面を通過するまでに要する時間，すなわちどの程度装置内を回遊していたかを表す時間である．循環時間分布を確率密度分布で表したものを循環時間確率密度分布（Circulation time probability density distribution），同分布の平均値を平均循環時間（Average circulation time）という．

混合時間（mixing time）：装置内の物質が均質な状態または可能な最良の状態になるまでに要する時間である．

左欄の，混合性能を判断する指標のほとんどは，混合速度に関する指標であり，流通系装置において用いられる滞留時間確率密度分布関数の標準偏差値とその平均滞留時間の比，回分系装置において用いられる循環時間確率密度分布関数の標準偏差値と平均循環時間の比，あるいは混合時間などがある．

右欄の，混合状態を判断する指標は，完全分離状態あるいは完全混合状態か

らの偏りの程度を評価するための指標で，これがいわゆる混合度（degree of mixing, mixedness）である．この指標は液体混合のみならず固体混合の場合にも用いられてきており，実際の混合物の濃度分散値と完全分離状態の濃度分散値あるいは完全混合状態の濃度分散値との比などがある．分散値の代わりに標準偏差値が用いられることもある．もちろんこれらの混合度の時間変化率を求めれば，混合性能を判断する混合速度についても評価することができる．つまり、基本的に混合過程は空間および時間の関数として取り扱う必要がある。

以上の他にも，装置内の局所的な混合速度を評価する指標として，混合過程は装置内の物質のランダム運動に起因するとして考え出された混合拡散／乱流拡散係数（mixing/turbulent diffusivity）がある．混合現象をモデル化して物質収支を数式を用いて示し，例えば濃度を C，時間を t として

$$\frac{DC}{Dt} = \frac{\partial}{\partial x_i}\left(\varepsilon_c \frac{\partial C}{\partial x_l}\right) \tag{2.1}$$

のように表したときの ε_c が混合拡散／乱流係数である．これは混合過程を数学的に展開するときには便利ではあるが，実際にその値を決定することは極めて困難であり，実際的ではない．

● **乱流拡散係数の導出** ●

層流における物質収支は次式で示される．

$$\frac{\partial C}{\partial t} + U_i \frac{\partial C}{\partial x_i} = \frac{\partial}{\partial x_i}\left(D \frac{\partial C}{\partial x_i}\right)$$

乱流における物質収支は濃度および速度を平均分と変動分に分けて

$$C = \overline{C} + c' \quad and \quad U_i = \overline{U_i} + u_i'$$

と表示することにより次式で示される．

$$\frac{\partial \overline{C}}{\partial t} + \overline{U_i}\frac{\partial \overline{C}}{\partial x_i} + \frac{\partial}{\partial x_i}\overline{u_i' c'} = \frac{\partial}{\partial x_i}\left(D\frac{\partial \overline{C}}{\partial x_i}\right)$$

この式の各項を整理すると次式になる．

$$\frac{\partial \overline{C}}{\partial t} + \overline{U_i}\frac{\partial \overline{C}}{\partial x_i} = \frac{\partial}{\partial x_i}\left(D\frac{\partial \overline{C}}{\partial x_i} - \overline{u_i' c'}\right)$$

この式中の二重相関項が平均濃度勾配に比例すると仮定すると

$$-\overline{u_i' c'} = \varepsilon_c \frac{\partial \overline{C}}{\partial x_i}$$

次式が得られる.

$$\frac{D\overline{C}}{Dt} = \frac{\partial}{\partial x_i}\left((D+\varepsilon_C)\frac{\partial \overline{C}}{\partial x_i}\right)$$

ここで $\varepsilon_C \gg D$, を仮定すると最終的に次式となる.

$$\frac{D\overline{C}}{Dt} = \frac{\partial}{\partial x_i}\left(\varepsilon_C\frac{\partial \overline{C}}{\partial x_i}\right) \quad \left(\frac{\partial \overline{C}}{\partial t}+\overline{U_i}\frac{\partial \overline{C}}{\partial x_i}=\frac{D\overline{C}}{Dt}\right)$$

この式の ε_C が乱流拡散係数と呼ばれる.

2.3 過渡応答法に基づく混合特性の評価法

　過渡応答法は攪拌・混合性能評価に従来から広く用いられてきた．流通系混合装置の場合は入口で注入されたトレーサーの出口における濃度の経時変化に注目して，また回分系混合装置内の場合は特定の箇所から注入されたトレーサーの装置内部における濃度の空間分布の経時変化に注目して混合操作／装置を評価する方法である．

（1）流通系混合装置

　流通系混合装置の場合には，装置出口における混合状態に基づいて操作／装置の評価がなされるべきである．しかし，従来それに代るものとして，装置内の滞留時間（residence time）の確率密度分布に注目し，その標準偏差値に基づく指標などに基づいて混合操作／装置の評価がなされてきた．ここでもこの滞留時間の確率密度分布に注目することにする．滞留時間とは装置内に流入した物質がその装置内にとどまっている時間のことであり，あるものは短い滞留時間で流出し，あるものは長い滞留時間を要して流出するというように，この滞留時間に分布が生じる．この滞留時間を確率変数としてとらえ，時刻 0 で流入した物質のうち時刻 t までに流出する割合を表したものが滞留時間確率分布関数（residence time probability distribution function）であり，これを時間で微分したものが滞留時間確率密度分布関数（residence time probability density distribution function）である．図 2-2 のように，装置入口でデルタ

● 過渡応答法 ●

　過渡応答法は系の特性を測る方法であり，とくに系の動特性を検討するときに有効である．系の特性を明らかにするには，入口と出口の波形を比較することが有効である．よく用いられる応答法を図2-1に示す．

　ステップ（step）応答法：入口の信号を一定値からステップ状にある値に変化させる方法で，系の動特性を議論するときに用いられる．

　インパルス（デルタ）（impulse（delta））応答法：入口の信号をデルタ関数的に変化させる方法で，化学工学における滞留時間確率密度分布を議論するときに用いられる．

　周波数（frequency）応答法：入口の信号を三角関数状に変化させる方法．

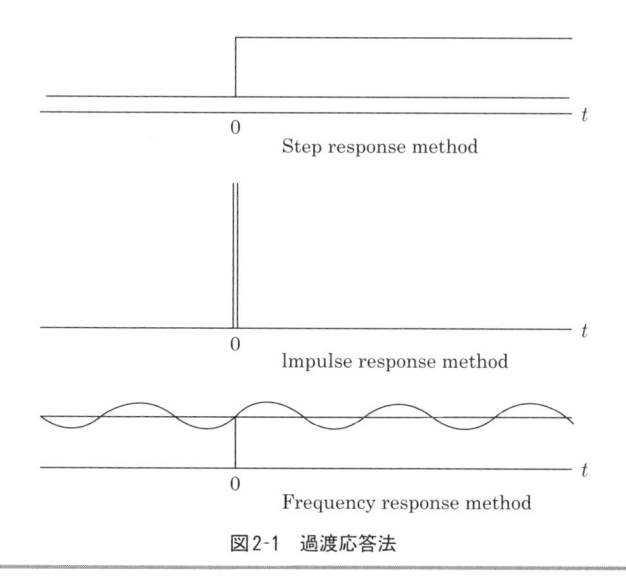

図2-1　過渡応答法

関数になるように注入されたトレーサーの出口における濃度の経時変化を求めると，それがそのまま滞留時間確率密度分布関数となる．もちろん入口でトレーサーがデルタ関数になるように注入されなくとも，出口におけるその濃度の経時変化を適切に数学的処理をすれば滞留時間確率密度分布関数が得られるが，その詳しい説明は他書に譲ることにして，既に滞留時間確率密度分布関数が得られていることを前提として議論を進める．

　ここでは注入されるトレーサーの1粒子に注目し，情報エントロピーの視点から，そのトレーサー粒子が「どの滞留時間で装置出口に達するか？」につい

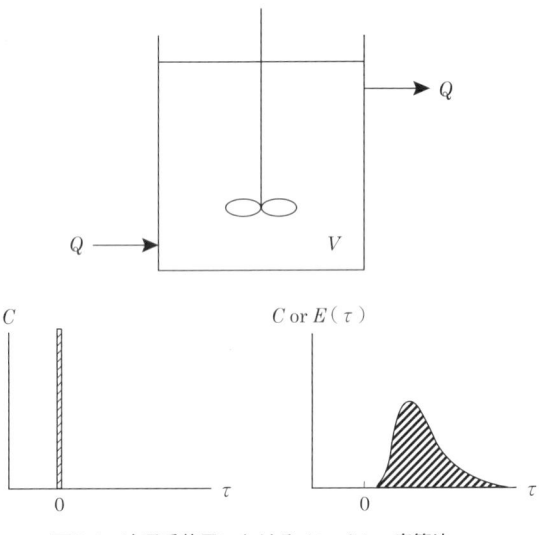

図2-2 流通系装置におけるインパルス応答法

ての不確実さに基づいて混合操作／装置を評価する．時間の始点はトレーサーを注入したときである．時間 t を平均滞留時間 $T(=V/Q,\ V;装置の容積,\ Q;流量)$ で除して無次元化した時間 $\tau\,(=t/T)$ に対する滞留時間確率密度分布関数 $E(\tau)$ は，平均値1を有する確率密度分布関数であり，$E(\tau)\Delta\tau$ は無次元時間 $\tau\sim\tau+\Delta\tau$ を滞留時間とするトレーサーの確率の意味を有する．この滞留時間確率密度分布関数は

$$\int_0^\infty E(\tau)d\tau = 1 \tag{2.2}$$

$$\int_0^\infty \tau E(\tau)d\tau = 1 \tag{2.3}$$

という規格化条件を満たす．

注目したトレーサー粒子が「どの滞留時間で装置出口に達するか？」についての不確実さを表す情報エントロピー $H(\tau)$ は，Eq.(1.10) に基づいて，滞留時間確率密度分布関数 $E(\tau)$ を用いて次式で表される．

$$H(\tau) = -\int_0^\infty E(\tau)\log E(\tau)d\tau \tag{2.4}$$

この不確実さは，注目したトレーサー粒子の滞留時間を知らされることにより0に減少する．次にこの情報量 $H(\tau)$ がとる最大値および最小値を数学的に検討する．この滞留時間確率密度分布関数は変数 τ が正でかつ平均値（平均滞留時間1）を有するから，1.6節で示したように $E(\tau)$ が

$$E(\tau)=\exp(-\tau)$$

となるときに最大値

$$H(\tau)_{\max}=\log e \qquad (2.5\,(a))$$

をとる．また $E(\tau)$ が

$$E(\tau)_{\tau \neq a}=0, \qquad E(\tau)_{\tau=a}=\infty$$

となるときに，最小値

$$H(\tau)_{\min}=0 \qquad (2.5\,(b))$$

をとる．なおここで a はある任意の滞留時間を意味している．

上記の情報量 $H(\tau)$ が最大値をとる条件は，混合が完璧に理想的になされ，注入されたトレーサーが瞬時々々に装置内に一様に拡散して出口でのトレーサー濃度が時間とともに指数関数的に減少する完全混合流れの場合に成立する（図2-3）．

また最小値をとる条件は，混合がまったくなされずに，注入されたトレーサーがすべて平均滞留時間で出口に達するピストン流れの場合 ($a=1$) に成立する．なお $a=1$ 以外のときに $E(\tau)$ が∞になることは実際の操作／装置では考

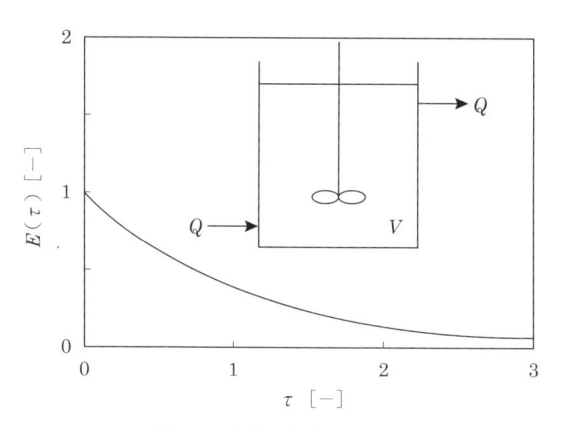

図2-3 完全混合流れのRTD

えられない．このように完全混合流れとピストン流れの場合にそれぞれ情報量が最大値と最小値をとることから，混合がまったくなされないピストン流れの状態から混合が完璧に理想的になされる完全混合流れの状態への漸近の程度を示す指標としての混合度 M を，上記情報量 $H(\tau)$ を用いて

$$M = \frac{H(\tau) - H(\tau)_{\min}}{H(\tau)_{\max} - H(\tau)_{\min}} = \frac{-\int_0^\infty E(\tau) \log E(\tau) d\tau}{\log e} \tag{2.6}$$

と定義することができる．もし対数の底に e をとれば，この定義式は分母が 1 となってより簡単になる．この新たに定義された混合度は，ピストン流れの場合の 0 から完全混合流れの場合の 1 までの値をとる．

$$0 \leq M \leq 1 \tag{2.7}$$

● **ピストン流れと完全混合流れ** ●

ピストン流れ（piston flow）：装置の断面で流体の速度が一様であることが仮定されており，装置に入り込んだ各流体要素はその流体要素に前後して入り込んだ他の流体要素と接触することなく装置内を流動して出口に達する．

完全混合流れ（perfect mixing flow）：装置内部は完全に均一で装置内の各部分間にまったく違いがないことが仮定されており，出口の性状は装置内の性状とまったく同じである．

このように定義された混合度は，従来の指標が滞留時間確率密度分布の平均滞留時間まわりの分布の拡がりを示す分散値のみに基づいて定義されていることと比較して，分布形の裾野部分をも十分に考慮し分布形全体に基づいて定義されている点に特徴がある．

さて実際に混合度を算出する場合には，実験で得られた滞留時間確率密度分布を正確に数式で表示することは極めて困難であり，滞留時間を連続的に変化する量としてではなく $\Delta\tau$ 時間ごとにディスクリートに変化する量として有限な $m\Delta\tau$ 時間について処理する方が現実的である．この場合には，注目したトレーサー粒子が「どの滞留時間で装置出口に達するか？」についての不確実さを次のように考えることになる．注目したトレーサー粒子が滞留時間 τ_i で装置出口に達する確率は $E(\tau_i)\Delta\tau$ であるから，「どの滞留時間で装置出口に達するか？」についての不確実さを表す情報エントロピー $H(\tau)$ は，ディスクリー

トに変化する量を独立変数とする Eq. (1.3) に基づいて次式で表される.

$$H(\tau) = -\sum_{i}^{m} E(\tau_i) \Delta\tau \log\{E(\tau_i)\Delta\tau\}$$
$$= -\sum_{i}^{m} E(\tau_i) \Delta\tau \log E(\tau_i) - \log\Delta\tau \qquad (2.8)$$

ここで m は滞留時間確率密度分布関数を十分に表現できる程度の時間間隔の数である．この不確実さは注目したトレーサー粒子の滞留時間を知らされることにより 0 に減少する．次にこの情報量 $H(\tau)$ がとる最大値および最小値を数学的に検討する．Eq. (2.8) の右辺第 2 項は定数として取り扱えるから，右辺第 1 項の値に注目すればよい．時間間隔 $\Delta\tau$ は十分小さな値を設定するので，この右辺第 1 項は Eq. (2.4) と同じ形を意味していることになる．滞留時間 τ が平均値 1 を有していることから，やはり滞留時間確率密度分布関数 $E(\tau_i)$ が

$$E(\tau_i) = \exp(-\tau_i)$$

となるときに最大値

$$H(\tau)_{\max} = \log e - \log \Delta\tau \qquad (2.9\ (a))$$

をとる．また $E(\tau_i)$ が

$$E(\tau_i)_{\tau_i \neq a} = 0, \qquad E(\tau_i)_{\tau_i = a} = \infty \cong \frac{1}{\Delta\tau}$$

となるときに，最小値

$$H(\tau)_{\min} = -\log \Delta\tau \qquad (2.9\ (b))$$

をとることになる．なおここで a はある任意の滞留時間を意味している．これらの最大値および最小値をとる条件は，前述の滞留時間を連続変数と考えた場合のそれらと同じく，それぞれ完全混合流れとピストン流れの場合に成立する．もちろん $a=1$ 以外のときに $E(\tau_i)$ が $1/\Delta\tau$ になることは実際の操作／装置では考えられない．したがって，滞留時間をディスクリートに変化する量とした場合の，混合がまったくなされないピストン流れの状態から混合が完璧に理想的になされる完全混合流れの状態への漸近の程度を示す混合度 M は上記情報量 $H(\tau)$ を用いて Eq. (2.6) に対応して

$$M = \frac{-\sum_{i=1}^{m} E(\tau_i)\Delta\tau \log\{E(\tau_i)\Delta\tau\}}{\log e} \tag{2.10}$$

と書くことができる．この混合度もピストン流れの場合の0から完全混合流れの場合の1までの値をとる．

$$0 \leq M \leq 1 \tag{2.11}$$

● **完全混合流れの濃度経時変化** ●

物質収支式は次式で表される．

$$V\frac{dC}{dt} = -QC$$

上式を時間に関して0から∞まで積分すると次式が得られる．

$$C = C_0 \exp\left(-\frac{t}{V/Q}\right)$$

ここで $t=0$; $C=C_0$. である．
インパルス応答法を用いた場合は

$$\int_0^\infty C dt = 1$$

が成立するから、最終的に完全混合流れの場合の濃度の経時変化はEq.(2.5)(a) あるいはEq.(2.9)(a)を情報エントロピーの最大値とする滞留時間確率密度関数と同じ次式で表される．

$$C = \frac{1}{V/Q}\exp\left(-\frac{t}{V/Q}\right) = \frac{1}{T}\exp\left(-\frac{t}{T}\right) \quad (T=V/Q)$$

課題2.1 流通系混合装置を完全混合等体積槽列モデルで表すとき，槽数がわかれば混合性能は推定できるか？

○背景と目的

滞留時間確率密度分布を正確に数式で表現することは困難であるため，たびたび滞留時間確率密度分布を十分に表示することができる混合モデルに基づいて混合現象が議論されることが多い．それらのモデルの1つが完全混合等体積槽列モデル（以下，「SPMVモデル」と呼ぶ）である．このモデル

は図2-4(a)に示すように，体積V_Tの混合装置をn個の等体積の完全混合攪拌槽を直列に連結したものとみなすモデルである．数学的には，このSPMVモデルを使うことは，混合プロセスを分布定数系として扱うのではなく集中定数系として扱うことを意味する．このモデルの場合の滞留時間確率密度分布関数は次式で示される．

$$E(\tau)=\frac{n^n}{(n-1)!}\tau^{n-1}\exp(-n\tau) \tag{2.12}$$

ここでnは槽数である．このモデルにしたがうと槽数が多くなると滞留時間確率密度分布は図2.4(b)のように急激に変化し，ピストン流れから完全混合流れまでの滞留時間確率密度分布を表現することができる．実際には実測された滞留時間確率密度分布とこの図を比較して，このモデルを適用したときの槽数を推測し，さまざまな解析を行うことになる．

● **管型装置と塔型装置** ●

管型装置（tublar type equipment）：細くて長いパイプあるいはコイル状にしたパイプあるいはU型にしたパイプ。流動方向はパイプの軸方向のみ。

塔型装置（tank type equipment）：タンク型の装置．典型的装置であり，流動方向は3次元方向．

● **集中定数系と分布定数系** ●

集中定数系（lumped parameter model）：パラメーターがある限られた点に集中している系．

分布定数系（distributed parameter model）：パラメーターがシステムの中で連続的に分布している系．

そこで流通系攪拌槽の滞留時間確率密度分布が完全混合等体積槽列モデルで近似できるときの，槽数とEq.(2.10)で定義された混合度の関係をシミュレーションにより明らかにする．

〇シミュレーションと結果の考察

$\Delta\tau=0.1$の条件の下でEq.(2.12)にしたがって槽数nを変化させてEq.(2.10)で定義された混合度を$\Delta\tau=0.1$の条件下で計算する．

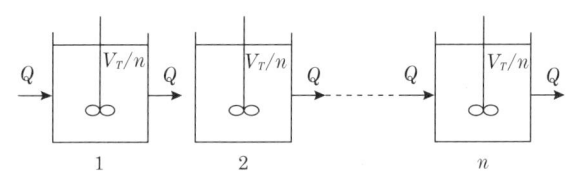

図2-4(a) 完全混合等体積槽列モデルの槽数と混合度の関係
―完全混合等体積槽列モデル―

$$E(\tau)=\frac{n^n}{(n-1)!}\tau^{n-1}\exp(-n\tau)$$

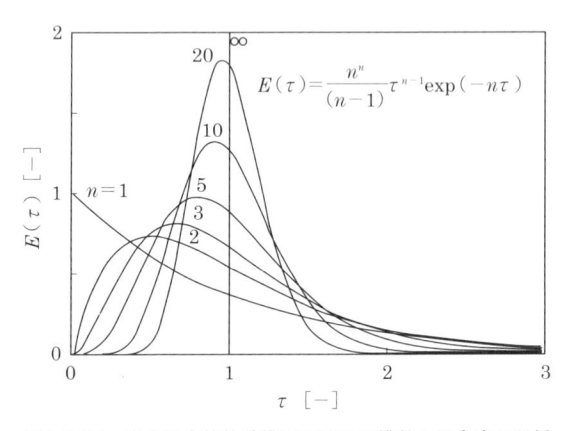

図2-4(b) 完全混合等体積槽列モデルの槽数と混合度の関係
―滞留時間確率密度分布―

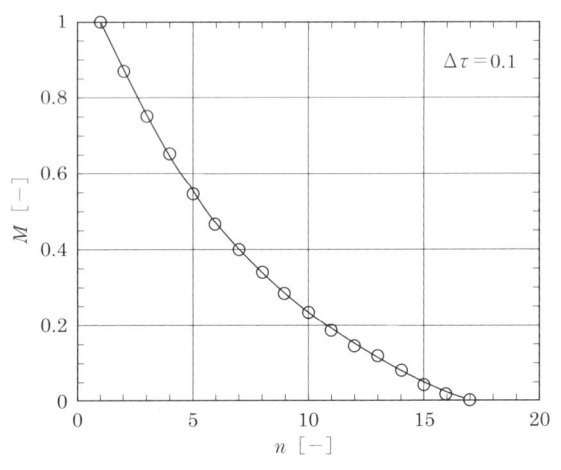

図2-4(c) 完全混合等体積槽列モデルの混合度
―混合度に及ぼす槽数の影響―

得られた槽数 n と混合度 M の関係を図 2-4 (c) に示す．同結果より以下のことが明らかになる．

① 槽数がわかれば混合度が推定できる．
② 槽数が2以上になると混合度は 0.9 以下になる．
③ 槽数が15に近くなると混合度は0に極めて近い値をとり，槽内はピストン流れに近い状態になっている．

上記完全混合等体積槽列モデル以外にも多くのモデルが考えられているが，いずれのモデルでも滞留時間確率密度分布が数式で表示できれば，同様にして混合度を求めることができる．

課題 2.2　流通系攪拌槽の混合性能が最高になる流入口と流出口の配置は？

○背景と目的

流通系攪拌槽は広く用いられているが，流体の流入口，流出口をどこに配置すれば最も高い混合性能を達成できるかは未解決の問題である．また攪拌翼の回転速度と混合性能の関係も未知である．したがって流体の流入口，流出口および攪拌翼回転速度を変えた実験を行い，Eq. (2.10) で定義された混合度の値を求めて比較検討する必要がある．

そこで流通系攪拌槽の流入口と流出口の配置および攪拌翼回転速度と Eq. (2.10) で定義された混合度の関係を実験的に明らかにする．

○実験と結果の考察

用いた攪拌槽は図 2-5 (a) に示す槽内径 300mm，4枚バッフル付平底円筒攪拌槽であり，用いた攪拌翼は6枚平羽根タービン翼である．流入口，流出口の組み合わせは図 2-5 (b) に示す典型的な4種類とした．

試験流体はイオン交換水を，トレーサーには KCl 飽和水溶液 $2ml$ を用いた．また流体の流入量，流出量（流入量＝流出量）は $3.5l/min$ および $4l/min$ の2条件，攪拌翼回転速度は 30, 60, 90, 120, 180rpm（$Re=0.5\times10^4 \sim 3\times10^4$）の5条件を対象とした．

実験は槽内が定常状態で流動していることを確認した後，トレーサーを注射

器で流入口にインパルス状に注入し，流出口でのトレーサー濃度の経時変化を電気伝導度プローブで測定し，この測定結果に基づいて Eq.(2.10) で定義された混合度を計算した．

　得られた流量 4ℓ/min の場合の無次元時間 $N(V_T/Q)$ の経過に対する混合度変化を図 2-5(c) に示す．他の実験条件においても，ほとんど同じ結果が得られた．同結果より以下のことが明らかになる．

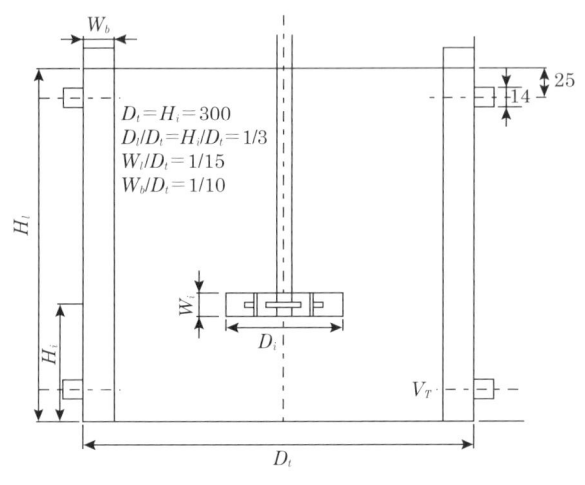

図2-5(a)　流通系攪拌槽

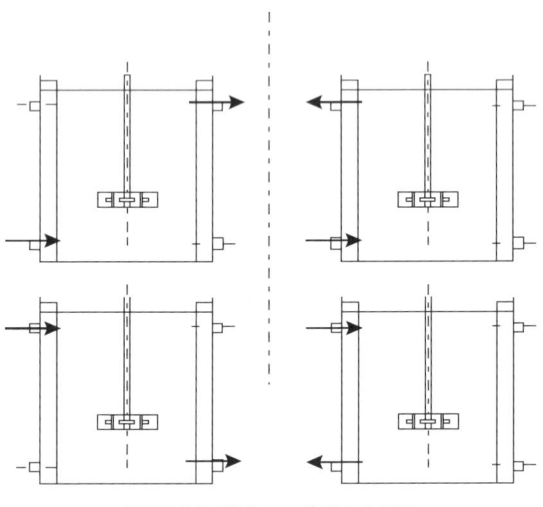

$D_t = H_t = 300$
$D_l/D_t = H_l/D_t = 1/3$
$W_l/D_t = 1/15$
$W_b/D_t = 1/10$

図2-5(b)　流入口，流出口の配置

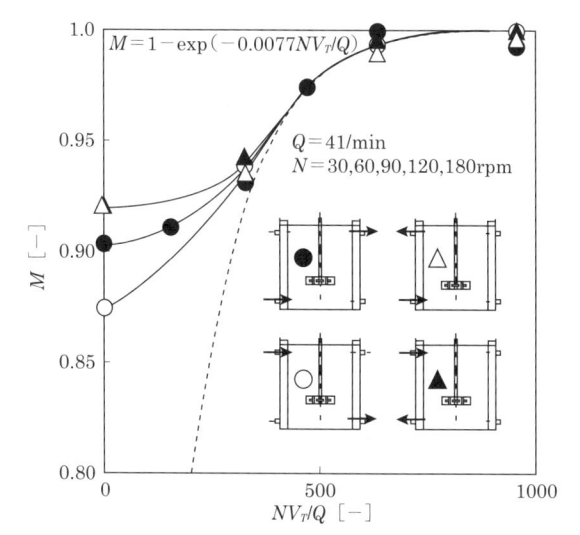

図2-5(c) 流入口,流出口の配置の違いと混合度の関係
—流入口,流出口の位置の違いと混合度の関係—

① 流入口が槽側面下方で流出口が同じ側面上方に位置する場合に最も混合度が高くなる.
② 流入口と流出口の配置にかかわらず,単に流体を流通させるだけで攪拌翼を回転させなくても混合度は0.9近くまで上昇する.
③ $N(V_T/Q)>400$ では,流入口と流出口の配置にかかわらず,混合度は一定の指数関数式にしたがって増加する.

(2) 回分系混合装置

従来回分系混合装置の場合の混合性能の評価は,主として混合時間によって判断されてきた.この混合時間は,装置内に注入されたトレーサーの,装置内の最も適切と思われる特定の部分での濃度の経時変化が許容範囲内の偏差で一定値に近づいたときまでの時間であり,この時間をもって混合終了と判断されてきた.例えば攪拌槽の場合は攪拌翼部分が装置内で流体等が必ず通過する加え合わせ点と考えられるので,攪拌翼部分が特定の部分とされることが多い.つまり注入されたトレーサーの濃度の経時変化を攪拌翼部分で経時的に測定するのである.一方,混合性能を推定するために循環時間確率密度分布が用いら

れることもある．循環時間確率密度分布は，装置内の特定の位置を出た流体要素が同じ位置に戻ってくるまでに要する時間の分布である．また混合状態，すなわち装置内における物質の混ざり具合に重点をおいた場合は，装置内のトレーサー濃度の空間分布に基づいて，その分散値／標準偏差値を用いた指標，濃度むらの大きさを示す指標によって判断がなされ，またその指標の経時変化によって混合性能の判断がなされてきた．

ここでは装置内に注入されるトレーサーの1粒子に着目し，情報エントロピーの視点からそのトレーサー粒子が時刻tで「どの領域に含まれているか？」についての不確実さに基づいてその時刻における混合状態を評価し，さらにその経時変化によって混合性能を評価する方法について示す．時間の始点はトレーサーを注入したときである．混合度を定義するために条件を次のように設定する（図2-6）．

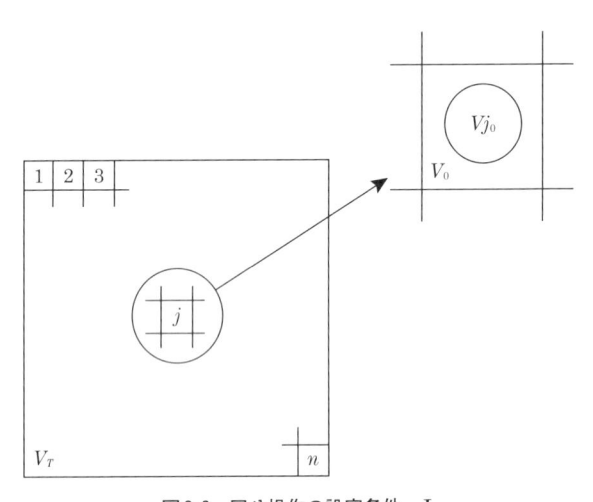

図2-6　回分操作の設定条件－Ⅰ

1) 全体積V_Tの装置内を，混合開始前にトレーサーが占めている体積V_0と同じ体積をそれぞれ有するn領域に仮想分割する．
$$nV_0 = V_T \tag{2.13}$$
2) 混合開始後の時刻tにおいて，領域j中でトレーサーの占める体積をV_{j0}とする．

$$\sum_{j}^{n} V_{j0} = V_0 \tag{2.14}$$

トレーサーの占める体積の代りに濃度 C_{j0} などを用いる場合には，混合開始前のトレーサー濃度を C_0 とした次式の関係を用いればよい．

$$\sum_{i}^{n} C_{j0} V_0 = C_0 V_0 \tag{2.15}$$

この設定条件の下に，混合開始後の時刻 t で，注目したトレーサー粒子が「どの領域に含まれているか？」についての不確実さに基づいて混合状態を評価することになる．領域 j 中に含まれるトレーサーの占める体積は V_{j0} であるから，トレーサー全量 V_0 に対するその割合（確率）は V_{j0}/V_0 である．したがって，領域 j 中に注目したレーサー粒子が含まれることを知らせる情報がもたらす情報量は

$$I(R_j) = -\log\left(\frac{V_{j0}}{V_0}\right)$$

と表される．この式で V_0 が領域 j の体積ではなくトレーサーの全量であることに重要な意味がある．この情報が得られる確率は領域 j 中に含まれるトレーサーの占める体積のトレーサー全量に対する割合と等しく V_{j0}/V_0 であるから，結果が知らされる以前にもっている「どの領域に含まれているか？」についての不確実さを表す情報エントロピー $H(R)$ は，すべての領域 j について上記情報量の平均をとって

$$H(R) = \sum_{j}^{n} \frac{V_{j0}}{V_0} I(R_j) = -\sum_{j}^{n} \frac{V_{j0}}{V_0} \log \frac{V_{j0}}{V_0} \equiv \sum_{j}^{n} P_{j0} \log P_{j0} \tag{2.16}$$

と表される．もちろん，この不確実さは注目したトレーサー粒子が含まれていた領域を知らされることにより 0 に減少する．次にこの不確実さを表す $H(R)$ がとる最大値および最小値を数学的に検討する．この場合 P_{j0} の変数 j が変化する範囲は $1 \leq j \leq n$ と定まっているから，1.6 節で示したように P_{j0} が

$$P_{j0} = \frac{V_0}{V_T} = \frac{1}{n}$$

となるときに，最大値

$$H(R)_{\max} = -\log\frac{V_0}{V_T} = \log n \tag{2.17 (a)}$$

をとる．また P_{j0} が

$$P_{j0\,j\neq a} = 0, \qquad P_{j0\,j=a} = 1$$

となるときに，最小値

$$H(R)_{\min} = 0 \tag{2.17 (b)}$$

をとる．なおここで a はある 1 領域を意味している．

　上記情報量 $H(R)$ が最大値をとる条件は，混合が完璧に理想的になされトレーサー濃度がどの領域でもすべて等しくなった場合に成立する．また最小値をとる条件は，混合がまったくなされずにトレーサーが混合開始前の領域にとどまっている場合あるいはトレーサーが分散することなく他の領域にそのまま移動する場合に成立する．このトレーサーが分散することなく他の領域にそのまま移動する場合は，まさにピストン流れが生じていることになり混合はまったくなされていないと考えてよい．

　このように混合が完璧に理想的になされた場合と混合がまったくなされない場合にそれぞれ情報量が最大値と最小値をとることから，混合がまったくなされない状態から混合が完璧に理想的になされた状態への漸近の程度を示す混合度 M を

$$M = \frac{H(R) - H(R)_{\min}}{H(R)_{\max} - H(R)_{\min}} = \frac{-\sum_{j}^{n} P_{j0}\log P_{j0}}{\log n} \tag{2.18}$$

と定義することができる．この新たに定義された混合度は，まったく混合がなされない場合の 0 から完璧に理想的に混合がなされた場合の 1 までの値をとる．

$$0 \leq M \leq 1 \tag{2.19}$$

　さて，実際に混合度を求める視点から考えると，装置内を微小な多くの領域に仮想分割して瞬時々々にトレーサーがそれぞれの領域に占める体積を求めることは極めて困難である．したがって一般的には，それぞれ内部を完全混合と仮定できる適切な異なる大きさの体積を有する領域に仮想分割することになるが，この場合はそれぞれの領域が同じ性質を有する上記微小体積の集合とみな

せば同じ取り扱いができる．つまり装置内を同じ体積の領域に仮想分割しても，異なる体積の領域に仮想分割しても，単に情報エントロピーの和のとり方で一様な重みをつけてとるか，領域の大きさに応じた重みをつけてとるかが異なるだけである．

以上で回分系混合装置内に注入されたトレーサーの濃度の装置内空間分布に基づいて，その時刻における混合状態を混合度として定量的に表すことができることになったわけである．攪拌・混合操作／装置の性能評価はこの混合度の経時変化，すなわち混合速度に基づいて行えばよいことになる．

課題2.3　回分系攪拌槽の混合性能を最高にする攪拌翼形状は？

○背景と目的

攪拌槽はその使用目的によって要求される混合機能も異なるが，いずれにしても装置内の物質の急速で一様な分散が要求される．槽内では攪拌翼の回転により強制対流が生じて流体が互いに異なる速度で運動することになり，そのせん断力によって激しい乱流が発生して混合が促進される．したがって使用する攪拌翼の形状が混合状態に最も影響を与えることになる．攪拌翼の形状も多種多様でありさまざまな攪拌翼が考案されているが，基本的な攪拌翼を大きく分類すると

① タービン型
② かい型
③ プロペラ型

の3種がある（最近はこれらの小型翼に対して日本で開発された大型翼も見られるようになった）．一般にタービン型は半径方向流れ，かい型は円周方向流れ，またプロペラ型は攪拌軸方向流れを主流として生じることになるが，どの形状の攪拌翼が最も混合性能がよいかは未だに明確にされていない．したがってそれぞれの攪拌翼を用いた実験を行い，注入されたトレーサーの槽内の空間的濃度分布に基づいて Eq. (2.2-7) で定義された混合度を実験的に求めて比較検討する必要がある．

そこで，上記の3種の代表的な攪拌翼（タービン型，かい型，プロペラ型）

について，注入されたトレーサーの槽内の空間的濃度分布に基づく Eq.(2.18) で定義された混合度の経時変化，すなわち混合速度を求めて，3種の攪拌翼の性能を比較する．

○実験と結果の考察

用いた攪拌槽は図2-7(a) に示す槽内径312mm，4枚バッフル付平底円筒攪拌槽であり，用いた攪拌翼は図2-7(b)に示した

　　　6枚平羽根タービン翼（FBDT翼）
　　　6枚平羽根かい型翼（FBT翼）
　　　6枚45度傾斜翼（下向流）（45°PBT翼）．

である．

用いた試験流体はイオン交換水であり，トレーサーには 0.1mole/ℓKCℓ 水溶液（2mℓ）を用いた．また攪拌翼回転速度は100，200，300，400rpm（Re=$1.80 \times 10^4 \sim 7.21 \times 10^4$．）の4条件を対象とした．槽内仮想分割は，3種の攪拌翼をそれぞれ用いた場合の槽内流動状態に基づいて，分割された各領域がいずれの攪拌翼を用いた場合にもほぼ完全混合とみなせること，トレーサー濃度の測定が困難でない程度の領域数になることを考慮して図2-7(a)に示すように設定した．

実験は，まずトレーサーとしての電解質水溶液を，攪拌軸とそれと同軸の細円筒で仕切った微小空間に封入しておく．イオン交換水を満たした槽内が所定の翼回転速度の下で定常に攪拌されていることを確認してから，上記細円筒を瞬間的に上方へ持ち上げることによってトレーサーを攪拌翼極近傍から槽内に分散させ，同時に仮想分割した槽内各領域におけるトレーサー濃度の経時変化を電気伝導度プローブで測定し，この測定結果に基づいて各時刻における混合度を計算した．

FBDT翼を用いた場合の混合度の経時変化を図2-7(c)に，FBDT翼を用いた場合の混合度の無次元時間（経過時間 $t[s]$ に翼回転速度 $N[\mathrm{rpm}]$ を乗じた無次元時間 $Nt \times 60$）に対する経時変化を図2-7(d)，またFBTおよび45°PBT翼を用いた場合の混合度の無次元時間に対する経時変化を図2-7(e)に示す．これらの結果から以下のことが明らかになる．

第2章 混合現象／操作　39

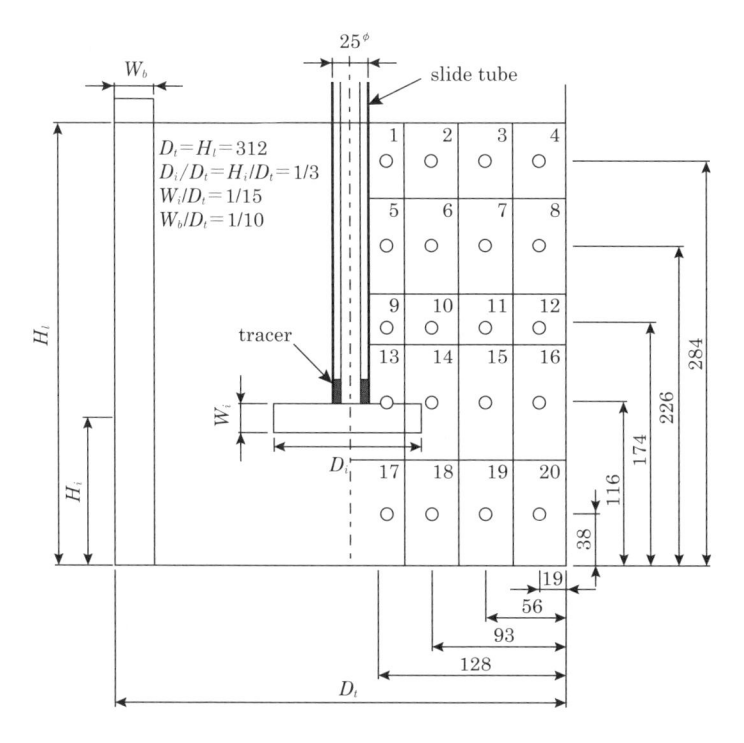

図2-7(a)　攪拌槽と仮想分割

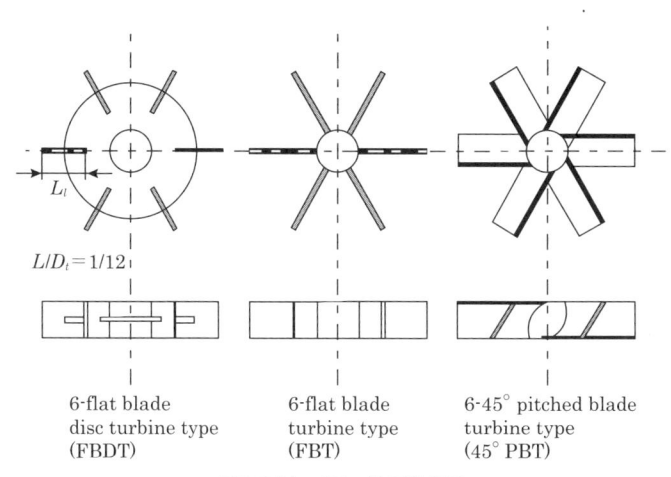

図2-7(b)　3種の使用攪拌翼

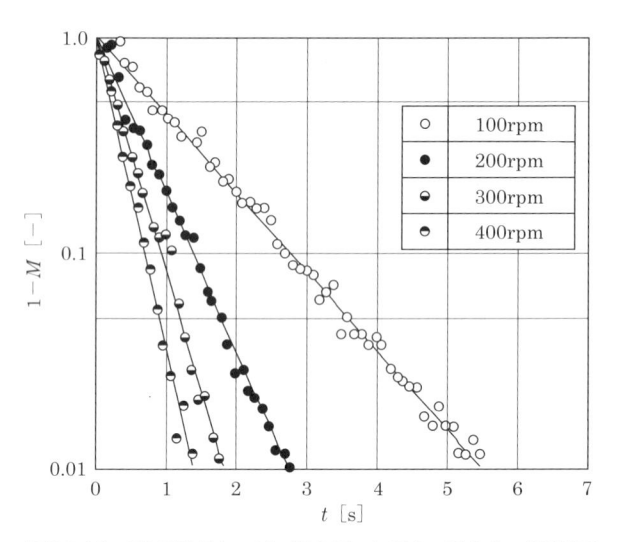

図2-7(c)　6枚平羽根タービン翼を用いた場合の混合度の経時変化

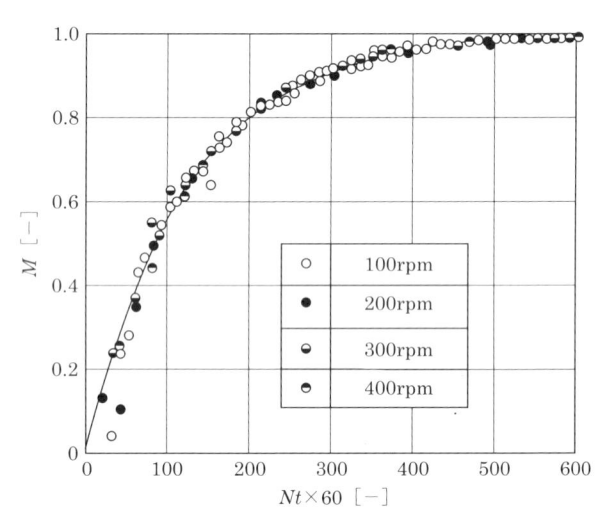

図2-7(d)　6枚平羽根タービン翼を用いた場合の混合度の無次元時間に対する経時変化

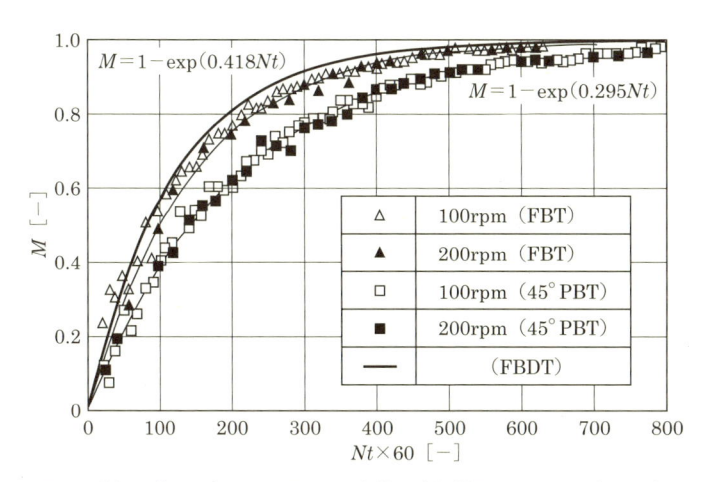

図2-7(e) 6枚平羽根かい型翼および6枚45度傾斜翼を用いた場合の混合度の無次元時間に対する経時変化

① 攪拌翼種によらず，$1-M$ と t を片対数グラフにプロットすると攪拌翼回転速度ごとに直線となる相関が得られる．
② 混合度 M の無次元時間 $Nt\times60$ に対する経時変化は各攪拌翼ごとに次式で良好に表示することができる．

6枚平羽根タービン（FBDT）翼　　　$M=1-\exp(-0.498Nt)$
(2.20 (a))

6枚平羽根かい型（FBT）翼　　　$M=1-\exp(-0.418Nt)$
(2.20 (b))

6枚45度傾斜（45°PBT）翼　　　$M=1-\exp(-0.295Nt)$
(2.20 (c))

なお，槽内径 3.1m，容積 280m³ の3段6枚平羽根タービン翼を備えた実装置を用いて，液表面の攪拌軸近傍に注入されたトレーサーの濃度の経時変化を槽壁に設置したプローブによって測定し，Eq.(2.18) で定義された混合度の経時変化を算出した結果が報告されているが，その場合も上式と同形の式で表示できることが確認されている（Laine, 1983）．

③ この関数形は，混合度の時間変化率 dM/dt が，その時刻の混合度と完璧に理想的に混合が終了したときの混合度1との差 $1-M$ に比例して進行

し，その比例定数は攪拌翼によって異なるというモデルを構築することによっても導くことができる．このように混合度の経時変化が攪拌翼にかかわらず同形の式で表示できることは，混合の基本的な進行過程は攪拌翼にかかわらず同じであることを示唆している．この攪拌翼にかかわらず変数が Nt で共通になることから，翼吐出流量（$\propto \pi D^3 N$）で槽全体積 V_T を除して得られる平均循環時間 $T_C = V_T/(\pi D^3 N)$ と攪拌翼回転速度 N の積で混合状態が定まることが推察される．

④ 各攪拌翼の混合性能を比較するために，上記各実験式の時間に対する微分をとって得られる混合速度を求めると

FBDT 翼　　$\dfrac{dM}{dt} = 0.498 N \exp(-0.498 Nt)$　　　　(2.21 (a))

FBT 翼　　　$\dfrac{dM}{dt} = 0.418 N \exp(-0.418 Nt)$　　　　(2.21 (b))

45° PBT 翼　$\dfrac{dM}{dt} = 0.295 N \exp(-0.295 Nt)$　　　　(2.21 (c))

となり，同一攪拌翼回転速度下の混合速度を比較すると

　　　FBDT 翼 ＞ FBT 翼 ＞ 45° PBT 翼

の順序になっている．したがって各攪拌翼の混合性能もこの順序になっていると判断することができる．

⑤ 混合度が 0.9 に達するのは 6 枚平羽根タービン翼の場合には $Nt \times 60 \fallingdotseq 300$ であるのに対して，6 枚 45 度傾斜翼の場合にはその約 1.5 倍の $Nt \times 60 \fallingdotseq 450$ を要する．

⑥ 仮想分割する槽内各領域の大きさを小さくして領域の数をより多くすれば，より詳細な結果が得られることが一般に期待されるが，上記の場合には上記以上に領域を細分化しても得られる結果には差異がほとんど生じないことが確認される．

⑦ ここで注意しなければならないことは，ここで得られた結果は攪拌翼近傍から注入されたトレーサーの装置内の濃度分布に基づいて得られたものであり，他の領域からトレーサーを注入した場合の結果も同じになる保証はまったくないことであり新たな評価方法を考える必要がある．

2.4 装置内の物質の装置内各領域間移動に基づく混合特性の評価法

前節で述べた過渡応答法に基づく混合特性の評価は，あくまでもトレーサーが注入される領域が固定されている場合の評価である．したがって，装置内のすべての領域からそれぞれトレーサーを別々に注入した場合の結果を総合した評価ではないため，自ずと得られた評価の適用範囲が限られる．より普遍的な混合特性の評価をするには，各領域に含まれる物質の領域間移動現象に直接基づいた評価をする必要がある[9]．

装置内の物質の領域間移動には2つの役割がある．
① 物質を他の領域へ流出するディストリビューターとしての役割
② 他の領域の物質を流入させ混ぜ合わせるブレンダーとしての役割

これら2つの移動を区別して評価しなければならない．ここではj領域内のある流体粒子に着目し，情報エントロピーの視点から，注目粒子が単位時間に「どの領域に流出するか？」，「どの領域から流入したか？」についての不確実さに基づいて混合性能を評価する方法について示す．混合性能指標を定義するために条件を次のように設定する（図2-8）．

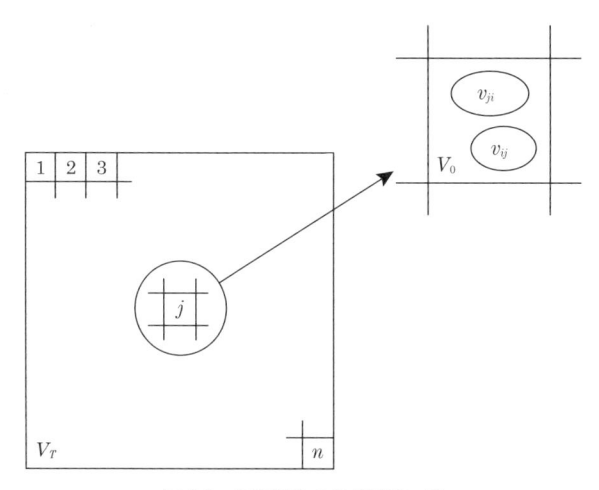

図2-8　回分操作の条件設定－Ⅱ

1) 全体積 V_T の装置内を微小な単位体積 V_0 の n 領域に仮想分割する.
$$nV_0 = V_T \tag{2.22}$$
2) 領域 j が直接関与する移動を，領域 j の
   i) ディストリビューターとしての役割に関する領域 i への流出
   ii) ブレンダーとしての役割に関する領域 i からの流入

とに分けて考える．またこれらのディストリビューターおよびブレンダーとして混合へ寄与する役割には差異がないものとする.

また単位時間に領域 j の物質のうち領域 i に流出する体積を v_{ij}，同様に単位時間に領域 j 中の成分のうち領域 i から流入する体積を v_{ji} とする．この場合，領域 j（あるいは i）内のあらゆる点から領域 i（あるいは j）内のすべての点に物質は等しい確率で移動し，その移動経路には依存しない完全事象系とする.

$$\sum_i^n v_{ij} = V_0, \qquad \sum_i^n v_{ji} = V_0 \tag{2.23}$$

この設定条件の下に，単位時間に領域 j 中の注目粒子が「どの領域に流出するか？」および「どの領域から流入したか？」についての不確実さに基づいて混合性能を評価することになる．領域 j の体積中に占める領域 i へ流出する体積の割合（確率）は v_{ij}/V_0，また領域 j の体積中に占める領域 i から流入した体積の割合（確率）は v_{ji}/V_0 であるから，領域 j 中の注目粒子が領域 i に流出したこと，および領域 i から流入したことを知らせる情報がもたらす情報量 $I_{Oj}(R_i)$ および $I_{Ij}(R_i)$ はそれぞれ

$$I_{Oj}(R_i) = -\log \frac{v_{ij}}{V_0}$$

$$I_{Ij}(R_i) = -\log \frac{v_{ji}}{V_0}$$

と表される．これらの情報が得られる確率は，それぞれ領域 j 中に占める領域 i へ流出する体積の割合 v_{ij}/V_0 および領域 i から流入した体積の割合 v_{ji}/V_0 と等しいから，単位時間に領域 j 中の注目粒子が「どの領域に流出するか？」および「どの領域から流入したか？」という不確実さを示す情報エントロピー $H_{Oj}(R)$ および $H_{Ij}(R)$ は，それぞれすべての領域 i について上記情報量の平均をとって

$$H_{Oj}(R) = \sum_i^n \frac{v_{ij}}{V_0} I_{Oj}(R_i) = -\sum_i^n \frac{v_{ij}}{V_0} \log \frac{v_{ij}}{V_0} \equiv -\sum_i^n P_{ij} \log P_{ij}$$
(2.24 (a))

$$H_{Ij}(R) = \sum_i^n \frac{v_{ji}}{V_0} I_{Ij}(R_i) = -\sum_i^n \frac{v_{ji}}{V_0} \log \frac{v_{ji}}{V_0} \equiv -\sum_i^n P_{ji} \log P_{ji}$$
(2.24 (b))

と表される．これらの不確実さは，注目粒子が流出した領域および注目粒子が流入した領域を知らされることにより0に減少する．また両情報量の平均の情報量 $H_{Lj}(R)$ は

$$H_{Lj}(R) = \frac{H_{Oj}(R) + H_{Ij}(R)}{2} = \frac{-\sum_i^n \{P_{ij} \log P_{ij} + P_{ji} \log P_{ji}\}}{2} \quad (2.25)$$

となる．

次にこれらの不確実さを表す情報量 $H_{Oj}(R)$, $H_{Ij}(R)$, $H_{Lj}(R)$ がとる最大値および最小値を数学的に検討する．この場合 P_{ij} および P_{ji} の変数 i の変化する範囲は $1 \leq i \leq n$ と定まっているから，P_{ij} および P_{ji} が

$$P_{ij} = P_{ji} = \frac{V_0}{V_T} = \frac{1}{n}$$

となるときに，いずれの情報量も等しい最大値

$$H_{Oj}(R)_{\max} = H_{Ij}(R)_{\max} = H_{Lj}(R)_{\max} = -\log \frac{V_0}{V_T} = \log n \quad (2.26 \text{ (a)})$$

をとる．また P_{ij} および P_{ji} が

$$P_{ij_{i \neq a}} = P_{ji_{i \neq b}} = 0, \qquad P_{ij_{i=a}} = P_{ji_{i=b}} = 1$$

となるときに，いずれの情報量も等しい最小値

$$H_{Oj}(R)_{\min} = H_{Ij}(R)_{\min} = H_{Lj}(R)_{\min} = 0 \quad (2.26 \text{ (b)})$$

をとる．なおここで a, b はそれぞれある1領域を意味している．

情報量 $H_{Oj}(R)$, $H_{Ij}(R)$, $H_{Lj}(R)$ が最大値をとる上記条件は，領域 j から領域 i への流出の場合は，領域 j の物質が単位時間の間に全領域中の物質と完全混合する場合に成立する．また最小値をとる上記条件は，領域 j から領域 i への流出の場合は，混合がまったくなされずに領域 j の物質がそのまま領域 j 中

にとどまっている場合,あるいは領域 j の物質が分散することなく他の領域にそのまま移動する場合に成立する.この領域 j の物質が分散することなく他の領域にそのまま移動する場合は,まさにピストン流れが生じていることになり,攪拌・混合はまったくなされていないと考えてよい.また領域 j としては装置内の限られた領域と偏った物質の移動があるよりも,より多くの領域とより均等な割合で物質の移動がある方が混合に寄与していると考えられる.同じことは,領域 j への領域 i からの流入の場合についてもいえる.

このように混合が完璧に理想的になされた場合と混合がまったくなされない場合にそれぞれ情報量が最大値と最小値をとることから,混合がまったくなされない状態から混合が完全になされた状態への漸近の程度を示す領域 j の局所混合性能指標 M_{Oj}, M_{Ij}, M_{Lj} を情報量 $H_{Oj}(R)$, $H_{Ij}(R)$, $H_{Lj}(R)$ を用いてそれぞれ

デイストリビューターとしての指標

$$M_{Oj} = \frac{H_{Oj}(R) - H_{Oj}(R)_{\min}}{H_{Oj}(R)_{\max} - H_{Oj}(R)_{\min}} = \frac{-\sum_{i}^{n} P_{ij} \log P_{ij}}{\log n} \qquad (2.27\text{ (a)})$$

ブレンダーとしての指標

$$M_{Ij} = \frac{H_{Ij}(R) - H_{Ij}(R)_{\min}}{H_{Ij}(R)_{\max} - H_{Ij}(R)_{\min}} = \frac{-\sum_{i}^{n} P_{ji} \log P_{ji}}{\log n} \qquad (2.27\text{ (b)})$$

上記両指標の平均

$$M_{Lj} = \frac{H_{Lj}(R) - H_{Lj}(R)_{\min}}{H_{Lj}(R)_{\max} - H_{Lj}(R)_{\min}} = \frac{-\frac{1}{2}\left\{\sum_{i}^{n} P_{ij} \log P_{ij} + \sum_{i}^{n} P_{ji} \log P_{ji}\right\}}{\log n}$$

$$(2.27\text{ (c)})$$

と定義することができる.これらの新たに定義された局所混合性能指標は,まったく混合がなされない場合の 0 から完璧に理想的に混合がなされた場合の 1 までの値をとる.

$$0 \leq M_{Oj} \leq 1 \qquad (2.28\text{ (a)})$$

$0 \leqq M_{Ij} \leqq 1$ (2.28 (b))

$0 \leqq M_{Lj} \leqq 1$ (2.28 (c))

混合装置全体としての情報量 $H_{OW}(R)$, $H_{IW}(R)$, $H_W(R)$ はそれぞれすべての領域 j について $H_{Oj}(R)$, $H_{Ij}(R)$, $H_{Lj}(R)$ の平均をとって

$$H_{OW}(R) = \sum_j^n \frac{V_0}{V_T} H_{Oj}(R) = -\frac{1}{n} \sum_j^n \sum_i^n P_{ij} \log P_{ij} \qquad (2.29 \text{ (a)})$$

$$H_{IW}(R) = \sum_j^n \frac{V_0}{V_T} H_{Ij}(R) = -\frac{1}{n} \sum_j^n \sum_i^n P_{ji} \log P_{ji} \qquad (2.29 \text{ (b)})$$

$$H_{LW}(R) = \sum_j^n \frac{V_0}{V_T} H_{Lj}(R) = -\frac{1}{2n} \sum_j^n \sum_i^n (P_{ij} \log P_{ij} + P_{ji} \log P_{ji})$$
(2.29 (c))

と表される．ところで Eq. (2.24) で表される領域 j 中の注目粒子が領域 i に流出したこと，および領域 i から流入したことを知らせる情報がもたらす情報量は，領域 i に注目すれば，それぞれその領域中の注目粒子が領域 j から流入したことおよび領域 j に流出したことを知らせる情報がもたらす情報量ということになる．つまり装置全体としての情報量である上記 $H_{OW}(R)$, $H_{IW}(R)$, $H_{LW}(R)$ はまったく同じ値をとる．そこでこれらを代表して $H_W(R)$ で表すことにする．

$$H_{OW}(R) = H_{IW}(R) = H_{LW}(R) \equiv H_W(R)$$

次にこの不確実さを表す情報量 $H_W(R)$ がとる最大値および最小値を数学的に検討してみると，最大値および最小値をとる条件およびその値は局所的な情報量 $H_{Oj}(R)$, $H_{Ij}(R)$, $H_{Lj}(R)$ の場合とまったく同一となる．したがって，混合装置全体として混合がまったくなされない状態から混合が完璧に理想的になされた状態への漸近の程度を示す混合装置の総括混合性能指標 M_W を，情報量 $H_W(R)$ を用いて

$$M_W = \frac{H_W(R) - H_W(R)_{\min}}{H_W(R)_{\max} - H_W(R)_{\min}} = \frac{-(1/n) \sum_j^n \sum_i^n P_{ij} \log P_{ij}}{\log n}$$

$$= \frac{-(1/n) \sum_j^n \sum_i^n P_{ji} \log P_{ji}}{\log n} \qquad (2.30)$$

$$= \frac{-\{1/(2n)\} \sum_{j}^{n} \sum_{i}^{n} (P_{ij} \log P_{ij} + P_{ji} \log P_{ji})}{\log n}$$

と定義することができる．この新たに定義された総括混合性能指標も，まったく混合がなされない場合の 0 から完璧に理想的に混合がなされた場合の 1 までの値をとる．

$$0 \leq M_W \leq 1 \tag{2.31}$$

なお Eq. (2.30) の総括混合性能指標は，すべての領域 j について Eq. (2.27) で定義される局所混合性能指標の平均をとっても得られることは言うまでもない．

さて，実際に混合性能を求める視点から考えると，装置内を微小な多くの領域に仮想分割し装置内の物質についてそれぞれの領域間の移動体積を求めることは極めて困難である．一般的には完全混合を仮定できる適切な異なる大きさの体積を有する領域に仮想分割することになるが，この場合は各領域を同じ性質を有する上記微小領域の集合とみなせば同様に取り扱える．つまり，装置内を同じ体積の領域に仮想分割しても異なる体積の適切な大きさの体積に分割しても，単に情報エントロピーの和のとり方で一様な重みをつけるか領域の大きさに応じた重みをつけてとるかが異なるだけである．

ところで Eq. (2.30) において $i=o$ と固定し，さらに V_T/V_0 倍すると，これは各領域において領域 o からの流入のみに注目した装置全体としての指標となるが，その結果得られる式は前節のトレーサーを注入する過渡応答法の場合の混合度の定義式と同じになる．この点が，装置内の物質の装置内各領域間移動に基づく混合性能指標とトレーサーを注入する過渡応答法による混合度との接点ということになる．なお，上記装置内の物質の各領域間を移動する確率がわかれば循環時間分布も容易に求めることができることはもちろんのことである．

以上で回分系攪拌・混合装置内の各領域に含まれる物質の領域間移動に直接基づいた局所混合性能指標および総括混合性能指標によって，攪拌・混合性能を定量的に評価できることになったわけである．

> 課題 2.4　回分系攪拌槽内の局所的混合性能の槽内分布に与える攪拌翼形状の影響は？

> 課題 2.5　回分系攪拌槽の混合度経時変化に与えるトレーサーの注入位置の影響は？

○背景と目標

攪拌翼近傍から注入されたトレーサーの装置内の空間的濃度分布に基づく混合度の時間変化率，すなわち混合速度は使用攪拌翼の種類に依存しており

　　　　FBDT 翼＞FBT 翼＞45°PBT 翼

の順序となること，しかし他の領域からトレーサーを注入した場合も同じ結論が得られる保証はないことを前課題に対する検討で示した．したがって，そのときに得られた実験結果に基づいて，混合速度が最も速かった FBDT 翼と最も遅かった 45°PBT 翼の場合の混合性能の相違を，Eq. (2.27)～(2.30) の局所混合性能指標と総括混合性能指標に基づい比較検討する必要がある．

そこで 6 枚平羽根タービン翼（FBDT 翼）と 6 枚 45°傾斜翼（45°PBT 翼）の Eqs. (2.27)～(2.30) で定義された局所混合性能指標と総括混合性能指標を実験結果に基づくシミュレーションにより求めて，両攪拌翼の混合性能を比較する．

○シミュレーションと結果の考察

対象とした攪拌槽は図 2-7 (a) に示す槽内径 312mm，4 枚バッフル付平底円筒攪拌槽であり，攪拌翼は図 2-7 (b) に示す 6 枚平羽根タービン翼（FBDT 翼）および 6 枚 45 度傾斜翼（下向流）（45°PBT 翼）である．

また攪拌翼回転速度は 200rpm（$Re=3.61×10^4$），試験流体はイオン交換水，単位体積は $V_0=100cm^3$ として槽内仮想分割の方法は図 2-7 (a) と同じにした．

まず既に得られたトレーサーの槽内濃度分布の経時変化のデータに基づいて，両攪拌翼をそれぞれ用いた場合の流体の槽内各領域間を 0.2 秒間に移動する移動確率（P_{ji} および P_{ij}）をそれぞれコンピューターで試行錯誤法により求

め，この移動確率に基づいて上記 Eq. (2.27)～(2.30) で定義される局所混合性能指標と総括混合性能指標を計算した．

6枚平羽根タービン翼（FBDT翼）および6枚45度傾斜翼（45°PBT翼）の場合の領域間移動確率を表2-2に示す．同移動確率に基づいて計算された両攪拌翼の局所混合性能指標の，攪拌軸を通る槽縦半断面の等値線図を図2-9に示す．また両攪拌翼の総括混合性能指標はそれぞれ以下のように得られた．

  FBDT翼 0.633
  45°PBT翼 0.697

これらの結果から以下のことが明らかになる．

① 局所混合性能指標の等値線図の結果は，従来から言われている各攪拌翼を用いた場合の槽内フローパターンからそれぞれ推測される結果と良好に一致する．

 FBDT翼の場合は，ディストリビューターとしての混合性能指標もまたブレンダーとしての混合性能指標も翼吐出流部で極めて大きく，槽壁近傍下方でも大きな値を取っている．一方，45°PBT翼の場合は，ディストリビューターとしての混合性能指標もブレンダーとしての混合性能指標も槽中央部と槽壁近傍では大きな値をとっている．

 局所混合性能の相違は翼からの吐出流に依存し，FBDT翼の場合は半径方向流れが支配的であるのに対して，45°PBT翼の場合は軸方向流れが支配的であるために生じると考えられる．

② どちらの攪拌翼の場合も，攪拌軸近傍ではディストリビューターとしての混合性能指標もブレンダーとしての混合性能指標も小さな値をとっており，この領域は単に流体を移送するパイプとしての役割しかないことが推定される．

③ 過渡応答法を利用する場合の混合度はトレーサーを注入する領域の局所混合性能に大きく依存する．

 両攪拌翼について，翼からの吐出流の影響が少ないと思われる領域10からトレーサーを注入した場合の混合度の経時変化を，上記で得られた移動確率に基づいて試算すると図2-10に示す結果が得られる．同一翼回転速度下では，翼近傍にトレーサーを注入した場合の結果とは逆に，45°PBT

翼の方がFBDT翼よりも混合速度が速くなる結果になっている．この事実は過渡応答法はトレーサーを注入する領域に大きく左右される結果を生じることを示している．

　したがって過渡応答法に基づいて混合操作を評価できる場合は，トレーサーを注入する領域が装置操作上で重要な意味を有するとき，例えば微生物培養槽において槽内の特定の1箇所から栄養物を供給する場合の，その栄養物の槽内混合状態を評価するときだけである．

④　局所混合性能指標を槽内で平均した値である総括混合性能指標は，45°PBT翼の方がFBDT翼よりも大きくなっている．この結果は既に述べた攪拌翼近傍から注入されたトレーサーの装置内の濃度分布に基づく混合度の時間変化率，すなわち混合速度から判断された結果とは逆の結果である（このような相違が生じた原因は，トレーサーが注入された翼近傍のディストリビューターおよびブレンダーとしての混合性能に差異があるためと考えられる）．

⑤　混合性能を的確に評価するには，装置内の各領域に含まれる物質の領域間移動に直接基づいた評価をすることが不可欠である．

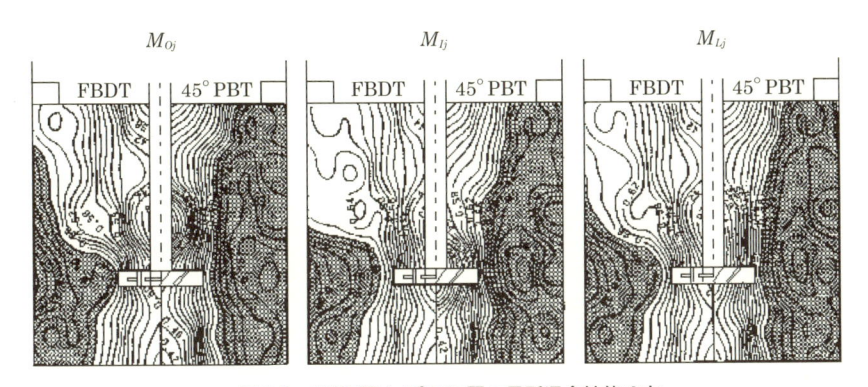

図2-9　FBDT翼と45°PBT翼の局所混合性能分布

52

表 2-2 (a)　FBDT 翼の領域間（領域 j から領域 i）の移動確率

FBDT ($j \rightarrow i$)

	$i=1$	$i=2$	$i=3$	$i=4$	$i=5$	$i=6$	$i=7$	$i=8$	$i=9$	$i=10$	$i=11$	$i=12$	$i=13$	$i=14$	$i=15$	$i=16$	$i=17$	$i=18$	$i=19$	$i=20$
$j=1$	.587	0	0	0	.413	0	0	0	0	0	0	0	0	0	0	0	0	0	0	0
$j=2$	.159	.780	0	0	.062	0	0	0	0	0	0	0	0	0	0	0	0	0	0	0
$j=3$	0	.102	.801	0	0	.076	.019	.002	0	0	0	0	0	0	0	0	0	0	0	0
$j=4$	0	0	.036	.916	0	0	.045	.003	0	0	0	0	0	0	0	0	0	0	0	0
$j=5$	0	0	0	0	.427	0	0	0	.112	.461	0	0	0	0	0	0	0	0	0	0
$j=6$	0	0	0	0	0	.808	0	0	.070	.116	.006	0	0	0	0	0	0	0	0	0
$j=7$	0	.039	0	.004	0	.046	.759	0	0	.017	.135	0	0	0	0	0	0	0	0	0
$j=8$	0	0	.110	.081	0	0	.041	.769	0	0	0	0	0	0	0	0	0	0	0	0
$j=9$	0	0	0	0	0	0	0	0	.686	0	0	0	.249	.065	0	0	0	0	0	0
$j=10$	0	0	0	0	0	0	0	0	0	.449	.001	0	.020	.530	0	0	0	0	0	0
$j=11$	0	0	0	0	0	0	0	0	0	.121	.756	0	0	.106	.017	0	0	0	0	0
$j=12$	0	0	0	0	0	0	.095	.277	0	0	.048	.580	0	0	.177	.182	0	0	0	0
$j=13$	0	0	0	0	0	0	0	0	0	0	0	0	.711	.112	.439	.541	0	0	0	0
$j=14$	0	0	0	0	0	0	0	0	0	0	0	0	0	.378	.459	0	0	0	0	0
$j=15$	0	0	0	0	0	0	0	0	0	0	0	0	0	0	0	.423	.551	0	0	0
$j=16$	0	0	0	0	0	0	0	0	0	0	.012	.232	.079	.370	0	0	0	0	0	.334
$j=17$	0	0	0	0	0	0	0	0	0	0	0	0	.015	0	.285	0	.180	.518	0	0
$j=18$	0	0	0	0	0	0	0	0	0	0	0	0	0	0	.033	.140	0	.307	.520	0
$j=19$	0	0	0	0	0	0	0	0	0	0	0	0	0	0	0	0	0	0	.351	.649
$j=20$	0	0	0	0	0	0	0	0	0	0	0	0	0	0	0	0	0	0	0	0

第2章 混合現象／操作　53

表 2-2 (b)　45°PBT翼の領域間（領域 j から領域 i）の移動確率

45°PBT ($j \to i$)

	$i=1$	$i=2$	$i=3$	$i=4$	$i=5$	$i=6$	$i=7$	$i=8$	$i=9$	$i=10$	$i=11$	$i=12$	$i=13$	$i=14$	$i=15$	$i=16$	$i=17$	$i=18$	$i=19$	$i=20$
$j=1$	.459	.541	0	0	0	0	0	0	0	0	0	0	0	0	0	0	0	0	0	0
$j=2$	.095	.603	.066	0	.235	0	0	0	0	0	0	0	0	0	0	0	0	0	0	0
$j=3$	0	.043	.435	.390	0	0	0	.132	0	0	0	0	0	0	0	0	0	0	0	0
$j=4$	0	0	.237	.445	0	0	0	.318	0	0	0	0	0	0	0	0	0	0	0	0
$j=5$	.266	.030	0	0	.217	0	0	0	.086	.401	0	0	0	0	0	0	0	0	0	0
$j=6$	.011	0	.141	0	.055	.437	.311	0	.013	.034	0	0	0	0	0	0	0	0	0	0
$j=7$	0	.070	.108	.175	0	.254	.181	0	0	.213	0	0	0	0	0	0	0	0	0	0
$j=8$	0	0	0	.143	0	0	.291	.566	0	0	0	0	0	0	0	0	0	0	0	0
$j=9$	0	0	0	0	0	0	0	0	.252	0	0	0	.748	0	0	0	0	0	0	0
$j=10$	0	0	0	0	.013	.149	.208	0	.095	.263	0	0	0	.272	0	0	0	0	0	0
$j=11$	0	0	0	0	0	.023	.035	.025	0	.028	.328	.033	0	.175	.353	0	0	0	0	0
$j=12$	0	0	0	0	0	0	.067	.003	0	0	.282	.421	.516	0	.226	0	.044	0	0	0
$j=13$	0	0	0	0	0	0	0	0	.211	0	0	0	.014	.509	0	0	0	.229	0	0
$j=14$	0	0	0	0	0	0	0	0	.008	.063	.128	.377	0	.028	.278	0	0	.176	.229	0
$j=15$	0	0	0	0	0	0	0	0	0	0	.046	.029	0	0	.209	.614	0	.070	.120	0
$j=16$	0	0	0	0	0	0	0	0	0	0	0	0	0	0	0	0	.685	.315	0	.102
$j=17$	0	0	0	0	0	0	0	0	0	0	0	0	0	.046	0	0	.109	.466	.378	0
$j=18$	0	0	0	0	0	0	0	0	0	0	0	0	0	.050	.028	0	0	.005	.422	.494
$j=19$	0	0	0	0	0	0	0	0	0	0	0	0	0	0	.021	.407	0	0	.041	.531
$j=20$	0	0	0	0	0	0	0	0	0	0	0	0	0	0	0	0	0	0	0	0

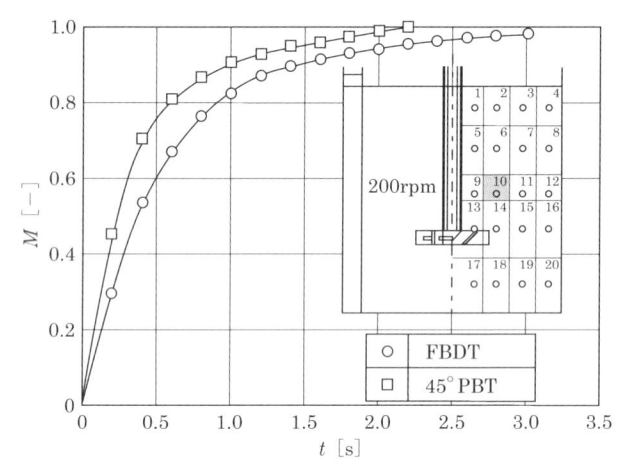

図2-10 領域10からトレーサーを注入した場合の混合度の経時変化

2.5 多成分を対象とする混合特性の評価法

前節までは注入されたトレーサーの分散,装置内の物質の移動に基づいた混合状態および混合性能の評価法を示してきたが,実際の混合装置は多成分を対象とする場合が多い.ここではm成分の連続および回分混合操作を想定して,情報エントロピーの視点から,装置内から1粒子を採取するときその粒子が「m成分のどの成分か？」についての不確実さに基づいて混合状態を評価する方法について説明する.

(1) m成分混合操作
混合度を定義するために条件をつぎのように設定する（図2-11）.
1) 全体積V_Tの装置内を微小な単位体積V_0のn領域に仮想分割する.
$$nV_0 = V_T \tag{2.32}$$
2) m成分の体積をそれぞれV_1, V_2, …, V_mとする.またこの場合,成分iの体積は,単位体積V_0を用いて$V_i = m_i V_0$と表す.

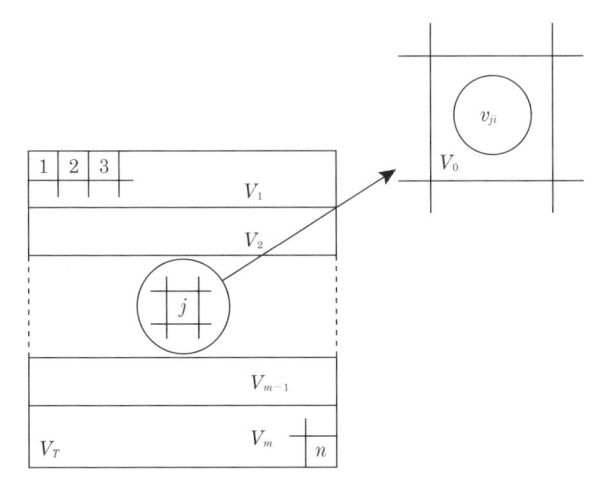

図2-11 多成分混合操作の条件設定

$$\sum_{i}^{m} V_i = \sum_{i}^{m} m_i V_0 = V_T \tag{2.33}$$

3) 混合開始後，時刻 t で領域 j 中に成分 i の占める体積を v_{ji} とする.

$$\sum_{j}^{n} v_{ji} = V_i \tag{2.34}$$

この設定条件の下に，混合開始後時刻 t で装置内から採取された粒子が「m 成分のどの成分か？」についての不確実さに基づいて混合操作を評価することになる．装置中に含まれる成分 i の体積は V_i であるからその全成分量に対する割合（確率）は V_i/V_T である．したがってその粒子が成分 i であることを知らせる情報がもたらす情報量 $I(C_i)$ は

$$I(C_i) = -\log \frac{V_i}{V_T}$$

で表される．この情報が得られる確率は成分 i の体積の全成分量に対する割合と等しく V_i/V_T であるから，その粒子が「m 成分のどの成分か？」についての不確実さを示す情報エントロピー $H(C)$ はすべての成分 i について上記情報量の平均をとって

$$H(C) = \sum_{i}^{m} \frac{V_i}{V_T} I(C_i) = -\sum_{i}^{m} \frac{V_i}{V_T} \log \frac{V_i}{V_T} \equiv -\sum_{i}^{m} P_i \log P_i \tag{2.35}$$

と自己エントロピーで表される.

攪拌・混合操作である以上,原料の m 成分を仕込むときには,どの領域にどの成分を仕込むかについては明らかであり,混合開始後も各領域と各成分の間には何らかの密接な関係が残るはずである.したがって採取される領域が知らされれば上記 Eq. (2.35) で示される不確実さが多少は減少することになる.そこで領域 j から粒子が採取されることが知らされている場合に,その採取された粒子が「m 成分のどの成分か?」についての不確実さについて考察する.領域 j 中に含まれる成分 i の体積は v_{ji} であるからその領域 j 中の全成分量に対する割合(確率)は v_{ji}/V_0 である.したがってその粒子が i 成分であることを知らせる情報がもたらす情報量 $I(C_i/j)$ は

$$I(C_i/j) = -\log\frac{v_{ji}}{V_0}$$

で表される.この情報が得られる確率は,領域 j 中に含まれる成分 i の領域 j 中の全成分量に対する割合と等しく v_{ji}/V_0 であるから,その粒子は「m 成分のどの成分か?」についての不確実さを示す情報エントロピー $H(C/j)$ はすべての成分 i について上記情報量の平均をとって

$$H(C/j) = -\sum_i^m \frac{v_{ji}}{V_0} I(C_i/j) = \sum_i^m \frac{v_{ji}}{V_0}\log\frac{v_{ji}}{V_0} \equiv \sum_i^m P_{ji}\log P_{ji} \quad (2.36)$$

と表される.ところで領域 j から採取されるという情報だけがいつも得られるわけではなく,領域 j から採取されるという情報が得られる確率は領域 j の体積の装置全体積に対する割合と等しく (V_0/V_T) であるから,「採取される領域を知ることができる」という条件下でその粒子が「m 成分のどの成分か?」という不確実さを示す情報エントロピー $H(C/R)$ はすべての領域 j について上記情報エントロピーの平均をとって

$$H(C/R) = \sum_j^n \frac{V_0}{V_T} H(C/j) = -\frac{1}{n}\sum_j^n\sum_i^m P_{ji}\log P_{ji} \quad (2.37)$$

と条件付エントロピーで表される.

つまり,「採取される領域を知ることができる」と聞いただけで,その粒子が「m 成分のどの成分か?」についての不確実さははじめの $H(C)$ から $H(C/R)$ に減少する.この減少分である相互エントロピー $I(C;R)$ は

$$I(C;R) = H(C) - H(C/R)$$
$$= -\sum_{i}^{m} P_i \log P_i + \frac{1}{n} \sum_{j}^{n} \sum_{i}^{m} P_{ji} \log P_{ji} \quad (2.38)$$

と示され，「採取される領域を知ることができる」という情報がもたらす情報量ということになる．もし，混合がまったくされずに各領域がそれぞれ仕込んだままの成分で占められている場合には，採取される領域を知るだけでその粒子はどの成分かがわかり，はじめの不確実さは無くなる．そしてこの場合は「採取される領域を知ることができる」という情報がもたらす情報量 $I(C;R)$ は「m 成分のどの成分か？」についての不確実さ $H(C)$ に等しくなる．また，混合が完璧に理想的になされどの領域でも各成分が占める体積比が仕込み時の各成分の占める体積比と等しくなる場合には，採取される領域を知らされても何の役にも立たず，はじめと同じ不確実さがそのまま残る．そしてこの場合は「採取される領域を知ることができる」という情報がもたらす情報量 $I(C;R)$ は 0 となり，このことは感覚的にも一致する．

次に Eq. (2.38) の相互エントロピー $I(C;R)$ がとる最大値および最小値を数学的に検討する．Eq. (2.38) 中の自己エントロピー $H(C)$ は原料組成によって定まり操作中は変化しない定数と考えられるから，$I(C;R)$ の最大値および最小値は条件付エントロピー $H(C/R)$ がとる最小値および最大値によって定まる．変数 j は $1 \leq j \leq n$ の範囲の値をとるから，1.6 節で示したように，$H(C/R)$ は，P_{ji} が

$$P_{ji=a} = 1, \quad P_{ji \neq a} = 0$$

となるときに，最小値

$$H(C/R)_{\min} = 0 \quad (2.39\,(a))$$

をとる．また P_{ji} が

$$P_{ji} = \frac{V_i}{V_T} = P_i$$

となるときに最大値

$$H(C/R)_{\max} = -\sum_{i}^{m} P_i \log P_i \quad (2.39\,(b))$$

をとる．ここで a は特定の 1 成分を意味する．したがって，相互エントロピー

$I(C;R)$ は，P_{ji} が

$$P_{ji:i=n}=1, \qquad P_{ji:i\neq n}=0$$

となるときに最大値

$$I(C;R)_{\max}=-\sum_i^m P_i \log P_i \qquad (2.40\ (a))$$

をとる．また P_{ji} が

$$P_{ji}=\frac{V_i}{V_T}=P_i$$

のときに最小値

$$I(C;R)_{\min}=0 \qquad (2.40\ (b))$$

をとる．

上記相互エントロピー $I(C;R)$ が最大値をとる条件は，混合がまったくなされず，各領域をそれぞれ仕込んだままの成分が占めている場合あるいは各領域中の成分が分散することなくそのまま他領域に移動する場合に成立する．この各領域中の成分が分散することなくそのまま他領域に移動する場合はまさにピストン流れが生じていることになる．また，最小値をとる条件は，混合が完璧に理想的になされ，各領域で各成分の占める体積比が原料中で各成分の占める体積比と等しくなる場合に成立する．

このように混合が完璧に理想的になされる場合と混合がまったくなされない場合にそれぞれ相互エントロピーが最小値と最大値をとることから，混合がまったくなされない状態から混合が完璧に理想的になされた状態への漸近の程度を示す混合度 $M(m)$ は相互エントロピー $I(C;R)$ を用いて

$$M(m)=\frac{I(C;R)_{\max}-I(C;R)}{I(C;R)_{\max}-I(C;R)_{\min}}=\frac{-(1/n)\sum_j^n\sum_i^m P_{ji}\log P_{ji}}{-\sum_i^m P_i \log P_i} \qquad (2.41)$$

と定義することができる．この新たに定義された混合度は，まったく混合がなされない場合の 0 から完璧に理想的に混合がなされた場合の 1 までの値をとる．

$$0 \leqq M(m) \leqq 1 \qquad (2.42)$$

さて，実際に混合度を求める視点から考えると，装置内を微小な多くの領域

に仮想分割し各成分の体積を求めることは極めて困難である．一般的には完全混合を仮定できる適切な異なる大きさの体積を有する領域に仮想分割することになるが，この場合も各領域を同じ性質を有する上記微小領域の集合とみなせば和のとり方を工夫すれば同様に取り扱える．

以上で多成分を対象とする混合装置において，各成分の装置内の濃度分布に基づくその時刻における混合状態を Eq. (2.41) の混合度で定量的に評価できるようになったわけである．混合操作の評価はこの混合度の経時変化，すなわち混合速度も考慮してなされなければならないことは言うまでもない．しかし多成分を対象とする混合操作において混合速度までも検討している例は少ないのが現状である．

さて，上記 Eq. (2.41) において $m=n$ としてみる．つまり成分数が領域数に等しく各成分の体積がすべて V_0 の場合である．この場合には Eq. (2.41) の分母は $\log n$ となり，前節における各領域の大きさを等しくとった場合の総括混合性能指標の定義式である Eq. (2.30) とまったく同じになる．この点が，多成分系の混合度と装置の混合性能との接点にということになり，このことは両者をまったく別のものとして議論する必要がないことを意味している．

以上で述べてきた各種評価指標の関係を次章の分離度も含めてまとめて示すと表 3-2 になる．

また，m 成分のうちの成分 i をトレーサーとみなした場合，そのトレーサーの拡散状態に基づく混合度 M_i と上記 m 成分の混合度 $M(m)$ との間には，

$$M(m) = \frac{-\sum_{i}^{m} M_i P_i \log P_i}{-\sum_{i}^{m} P_i \log P_i}$$

の関係がある．このことも，トレーサーを用いた過渡応答法における混合度も多成分系の特殊な条件の場合の混合度とみなせることを意味している．

課題 2.6　回分系攪拌槽に層状に仕込まれた5成分を混合するとき，混合度経時変化に与える攪拌翼形状の影響は？

〇背景と目的

多成分の攪拌は実際の工業では広く行われているが，その混合性能についての研究は多くはない．とくに攪拌翼の違いが混合性能に及ぼす影響についての研究は少ない．既に前節でFBDT翼より45°PBT翼の方が総括混合性能指標は高い値を示す結果を明らかにしたが，5成分の攪拌を行うときにどちらの攪拌翼の混合性能が高い値をとるかは不明である．したがってEq. (2.41) で定義された混合度の経時変化を求めて比較検討する必要がある．

そこで6枚平羽根タービン翼（FBDT翼）と6枚45度傾斜翼（45°PBT翼）を用いて5成分の攪拌を行う場合のEq. (2.41) で定義された混合度の経時変化，すなわち混合速度をシミュレーションにより求めて，攪拌翼の性能を比較する．

〇シミュレーションと結果の考察

対象とした攪拌槽は図2-7 (a) に示す内径312mmの4枚バッフル付平底円筒攪拌槽であり，攪拌翼は図2-7 (b) に示す6枚平羽根タービン翼（FBDT翼）および6枚45度傾斜翼（下向流）（45°PBT翼）である．攪拌翼回転速度は200rpm（$Re=3.61×10^4$）一定とした．試験流体はイオン交換水である．単位体積を$V_0=100cm^3$として図2-7 (a) に示したように槽内を仮想分割し，5成分を図2-12 (a) に示すように仕込んだ．

既に得られた，両攪拌翼をそれぞれ用いた場合の流体の各領域間を0.2秒間に移動する移動確率（表2-2のP_{ji}およびP_{ij}）に基づいて，Eq. (2.41) にしたがって混合度を計算した．

5成分混合における翼種の混合度の経時変化を図2-12 (b) に示した．この結果から以下のことが明らかになる．

① 多成分の混合速度は多成分の仕込み状態と各領域の局所混合性能に依存する（混合速度は，混合開始時は45°PBT翼の方が速いが，時間が経過すると逆にFBDT翼の方が速くなる．これは操作開始時点で5成分が層状に仕込みされていることに起因する．始めのうちは，45°PBT翼が主

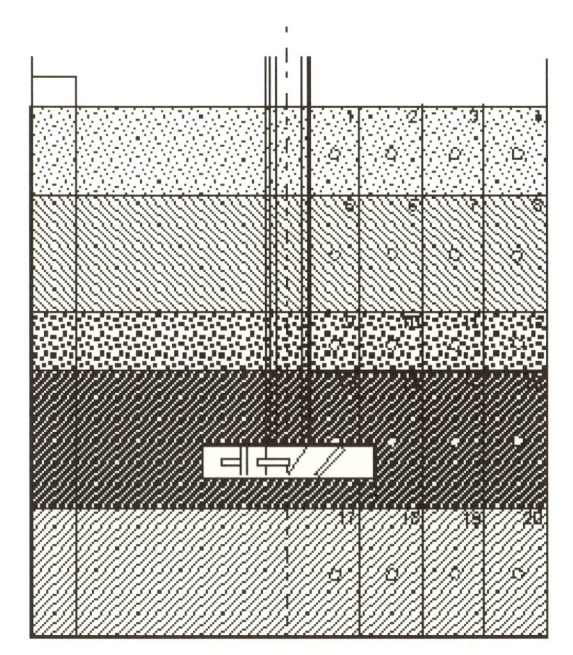

図2-12(a)　FBDT翼と45°PBT翼を用いた場合の5成分混合の比較
―5成分の仕込み位置―

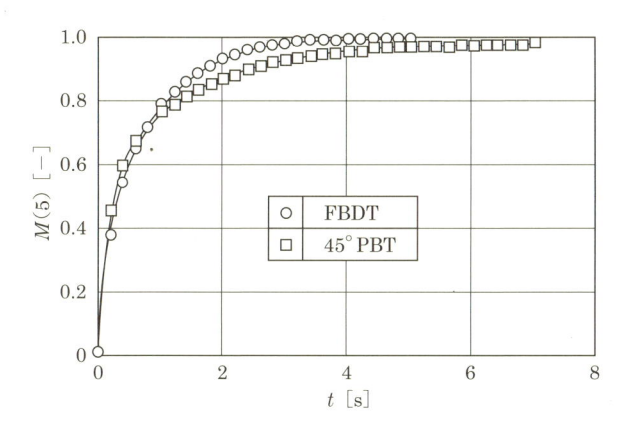

図2-12(b)　FBDT翼と45°PBT翼を用いた場合の5成分混合の比較
―混合度の経時変化―

流として吐出する軸方向流は成分間を横断するが，FBDT 翼が主流として吐出する半径方向流は同一成分内を通過するため 45°PBT 翼の方が混合速度は速くなる．一方，ある時間が経過すると半径方向に大きな 5 成分の濃度斑が生じ，半径方向流を主流とする FBDT 翼の方が軸方向流を主流とする 45°PBT 翼より混合に寄与することによると考えられる）．

(2) 多相混合操作

多成分を対象とする化学装置の中には，液—液混合装置，液—気混合装置，液—固混合装置，液—気—固混合装置等，分散相が連続相内／装置内局所で異なる粒子径分布を生じていることが少なくない．このような装置内の混合状態を評価する指標は，単に分散相の粒子径分布の装置内の偏りだけでなく，連続相の装置内分布も考慮する必要がある．前節の多成分混合評価指標の定義を拡張して分散相の装置内局所の粒子径分布と連続相の装置内局所分布を考慮した新たな混合評価指標を定義することができる．以下では議論を簡単にするために粒子径分布を有する分散相と連続相からなる混合の場合を対象として示す．

分散相の粒子径分布を粒子径の大きさにしたがって適切に $m-1$ 個のグループに分け，各粒子グループを別々の成分と見なす．さらに連続相も 1 成分とみなすことにする．このように考えればこの混合は m 成分の混合として取り扱うことができ，前記の多成分混合評価指標がそのまま適用できる．その拡張された新たな定義式は次のように書くことができる．

$$M(m) = \frac{-\sum_{j}^{n}(V_j/V_T)\left(p_{jC}\log p_{jC}+\sum_{j}^{m-1}p_{ji}\log p_{ji}\right)}{-P_C\log P_C-\sum_{j}^{m-1}P_i\log P_i} \tag{2.42}$$

ここで

$$p_{jC}=\frac{p_{jC}}{V_j}, \quad p_{ji}=\frac{v_{ji}}{V_j}, \quad P_C=\frac{\sum_{j}^{n}v_{jC}}{V_T}, \quad P_i=\frac{V_i}{V_T} \tag{2.43}$$

であり，V_i は成分 i の体積，V_j は領域 j の体積，v_{ji} は領域 j 中の成分 i の体積，v_{jc} は領域 j 中の連続相の体積，V_T は装置全体の体積である．また，装置内を体積 V_0 の n 個の仮想領域に分けるときの体積 V_0 は，いずれの成分の全体積より

も小さくとる．この定義式の分母は，1要素を装置内から取り出すとき，取り出される要素は「m 成分のどの成分か？」についての不確実さを表す自己エントロピーであり，分子は，「採取される領域を知ることができる」とさらに付言されたときに減少する「m 成分のどの成分か？」の不確実さの量を表す相互エントロピーである．このように定義された $M(m)$ は，装置内の各領域にすべての成分が同じ割合で入り込んでいる場合に1を，また，各領域がいずれか1成分だけで占められている場合に0の値をとる．

$$0 \leq M(m) \leq 1 \tag{2.44}$$

以上は分散相と連続相を対象として示したが，分散相が2成分以上の場合も同じ考え方で，各分散相の装置内局所の粒子径分布と連続相の装置内分布を考慮した新たな混合評価指標を定義できる．さらに，この新たな混合性能指標は晶析操作における仮説 MSMPR の妥当性を検討するときも利用できる．

● MSMPR ●

mixed suspension mixed product removal のことで，製品としての結晶を含むサスペンションが晶析槽内に均一に分散しているとする仮定である．この仮説に基づく晶析装置は circulating-magma crystallizer とも呼ばれる．市場に出ている晶析槽はこの仮定を満たしていると言われてきた．

課題 2.7 通気撹拌槽の混合度の経時変化は？

〇背景と背景
通気撹拌槽の操作目的は2つに分類できる．
① 均質で安定な気泡分散を得ること
② 気体と液との間の物質移動／反応を促進・制御すること

通気撹拌槽は液―気混合装置として用いられ，高ガスホールドアップと高液―気物質移動速度が要求される．撹拌翼による撹拌がガス流量を分散させるために十分でないとフラッディングが生じる．フラッディング点以下ではガスの分散は不十分で，ガスホールドアップも液―気物質移動速度も急激に減少する．これは望ましくない状態で，液―気混合操作では必ず回避しなければならない．つまり細かい気泡を槽内全体に十分に分散させることが重要である．撹拌翼の回転速度が物質移動におよぼす影響は3つの領域に分けて考えられる（図5-3参照）．

① 通気支配領域
② 攪拌支配領域
③ 上記 2 支配の中間領域

●　**通気支配領域と攪拌支配領域**　●

通気支配領域（region without agitation effect）：翼回転速度がある値以下の，翼回転速度を上げても物質移動速度が上がらず，物質移動速度は翼回転速度に関係なくガス流量とガス分散器の形に依存する領域．

攪拌支配領域（region with agitation effect）：翼回転速度がある値以上の，物質移動速度が翼回転速度に比例して急激に上昇する領域（図5-3参照）．

通気攪拌槽の混合性能の判定は，従来から注入されたガスの槽内の特定の 1 箇所における濃度の経時変化に基づいてなされてきており，槽内の空間的濃度分布の経時変化に基づいた混合性能の判定はほとんど行われていなかった．したがって実験を行い，槽内の空間的濃度分布の経時変化に基づいて，Eq.(2.10)で定義された混合度の経時変化を求めて混合性能の判断を行う必要がある．

そこで通気攪拌において注入されたトレーサーガスの槽内分散状態に基づく Eq.(2.18)で定義された混合度の経時変化と攪拌翼回転速度の関係を実験的に明らかにする．

○実験と結果の考察

用いた通気攪拌槽は図 2-13(a) に示す 4 枚バッフル付平底円筒攪拌槽であり，用いた攪拌翼は 6 枚平羽根タービン翼である．通気ノズルは槽底中央に内径 2mm 円形ノズルを設置した．槽内仮想分割方法は図 2-7(a) と同じである．試験流体としては液相としてイオン交換水，通気ガスとして窒素ガスを用い，トレーサーガスには炭酸ガスを用いた．通気ガス流量は $5.17 \times 10^{-5} \mathrm{m^3/s}$ とし，翼回転速度は 200rpm，300rpm，400rpm （Re＝$1.07 \times 10^5 \sim 2.14 \times 10^5$）の 3 条件を対象とした．

実験は，翼を所定の回転数で定常回転させた条件下で通気ノズルから N_2 ガスを所定の流量で通気して液中の CO_2 を十分放散させる．次いで電磁弁を切

り替えてトレーサーとしてのCO_2ガスを2秒間同一流量で注入し，その後電磁弁を切り替えてN_2ガスを所定の流量で再び通気する．トレーサーガス注入後の槽内局所のCO_2濃度を電気伝導度プローブで測定し，この測定結果に基づいて混合度を計算した．

得られた無次元時間と混合度変化の関係を図2-13(b)に示す．この結果から以下のことが明らかになる．

① $Nt \fallingdotseq 0$では，1よりほぼ一定値小さい値をとる（トレーサーがノズルから翼に達するまでの時間は短いため，その間の混合度の変化は図では翼回転速度によらずほぼ同じに表示される）．

② 縦軸の切片が$50<Nt$では翼回転速度によって有意差がない$1-M<10^{-4}$程度の値をとっており，この範囲で流体輸送に基づく混合が終了していると判断できる．

③ $0<Nt<15$では，混合度の経時変化は翼の回転速度によらずほぼ一致し，図2-7の場合と同じ式形で
$$1-M = 0.290\exp(-0.223Nt)$$
と表示できる（このことは，翼回転速度による混合度の実時間に対する差異が存在することを示し，翼からの吐出流量の違いによる槽内流動状態の相違が起因していると考えられる）．

④ $Nt=15$では混合度は$1-M \fallingdotseq 10^{-2}$の低い値に達しているが，槽内にはまだ濃度斑が存在している．

課題2.8 気泡塔の混合度の経時変化は？

○背景と目的

気泡塔は気体を塔底から適切な分散器によって液中に分散させ，気泡の上昇によって液体の混合を促進する代表的な液―気接触装置である．気泡塔の目的は，液―気間の物質移動／反応の促進・制御である．通常，液と気体は連続的に向流あるいは平行流で供給される．大流量の気体は圧力損失を増大させるため望ましくない．しかし気泡塔を用いて吸収操作を行う場合は，液相によって吸収を制御できるため，吸収操作は気泡塔に相応しい操作の1つである．気泡

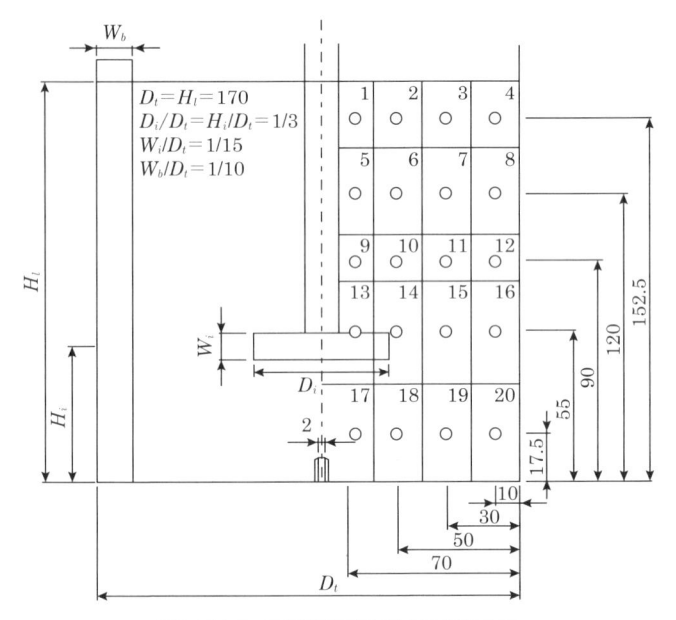

図2-13(a) 通気攪拌槽と槽内の仮想分割

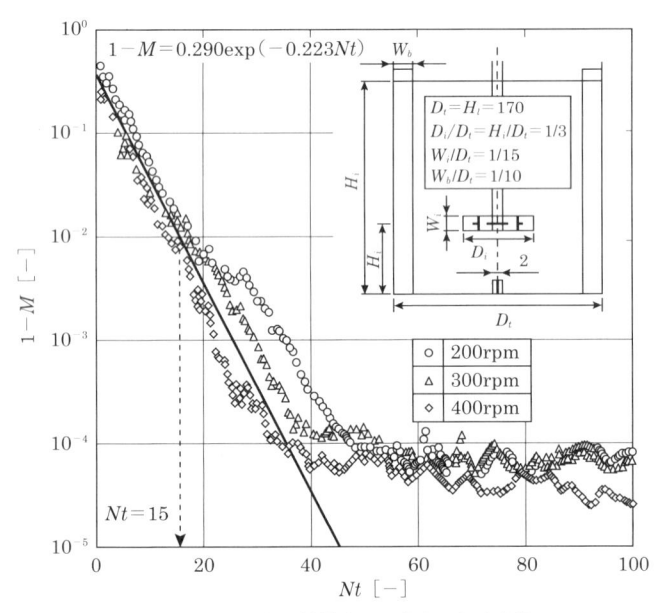

図2-13(b) 通気攪拌槽内の混合度の経時変化

塔の混合性能の判定は，従来は注入されたガスの塔内の特定の1箇所における濃度の経時変化に基づいてなされてきており，塔内の空間的濃度分布の経時変化に基づいた混合性能の判定はほとんど行われていなかった．したがって実験を行い，塔内の空間的濃度分布の経時変化に基づいて，Eq.(2.10) で定義された混合度の経時変化を求めて混合性能の判断を行う必要がある．

そこで気泡塔において注入されたトレーサーガスの槽内分散状態に基づくEq.(2.10) で定義された混合度の経時変化を実験的に求め，気体の空塔速度の影響を明らかにする．

◯実験と結果の検討

用いた気泡塔は図2-14(a) に示す平底円筒であり，厚さ5mm のガス分散板（孔は内径2mm，数31，50mm ピッチ正三角配置）を有している．液深さは $H_l=0.56$m と1.84m の2条件を対象とした．槽内仮想分割方法は図2-14(a) に示す（分割された各領域がほぼ完全混合とみなせるようになること，測定が困難でない程度の領域数になることを考慮して同芯二重環状に設定した）．用いた試験流体は液相としてイオン交換水，通気ガスとして窒素ガスで，トレーサーガスとして炭酸ガスを用いた．通気ガス空塔速度は $u_g=0.0178$〜0.0381m/s，通気ガス流量は 5.17×10^{-5}m³/s とした．

実験は，まず N_2 ガスを所定の流量で通気して液中の CO_2 を十分放散させ，次いで電磁弁を切り替えてトレーサーとしての CO_2 ガスを同一流量で通気する．トレーサーガス注入後の槽内局所の CO_2 濃度を仮想分割した領域の中央部において電気伝導度プローブで測定し，この測定結果に基づいて混合度を計算した．

得られた実時間の経過に対する混合度変化を図2-14(b) に，平均気泡径 d_s を気泡上昇速度 u_b で除した気泡と液の接触時間（$=d_s/u_b$）を用いて無次元化した時間 t/t_e の経過に対する混合度変化を図2-14(c) に示す．これらの結果から以下のことが明らかになる．

① $t<50$s では，通気ガス空塔速度 u_g および液深 L の影響が明確に見られ，いずれの液深においても通気ガス空塔速度が小さいほど混合速度は速い．

② 液深が小さい場合は，$t\simeq 20$s までは通気ガス空塔速度が小さいほど混合速度は速いが，以後はその関係が逆転する．

③ $t>60\mathrm{s}$ では操作条件の影響はほとんど見られない（気泡塔内の混合現象を検討するためには，時間として平均気泡径を気泡上昇速度で除した気泡と液の接触時間が有効であることを示している）．

④ 無次元時間を用いると，通気ガス空塔速度および液深にかかわらず
$$1-M=2.55\times10^{5}(t/t_{e})^{-2.19}$$
で良好に表示できる．

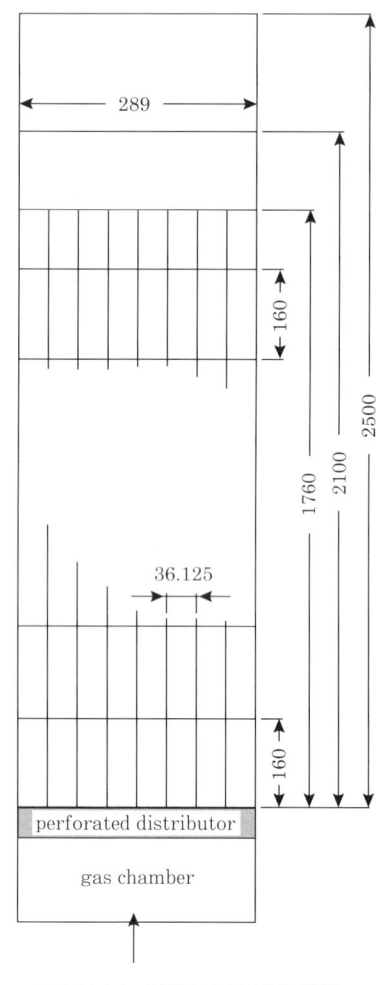

図2-14(a) 気泡塔とその仮想分割

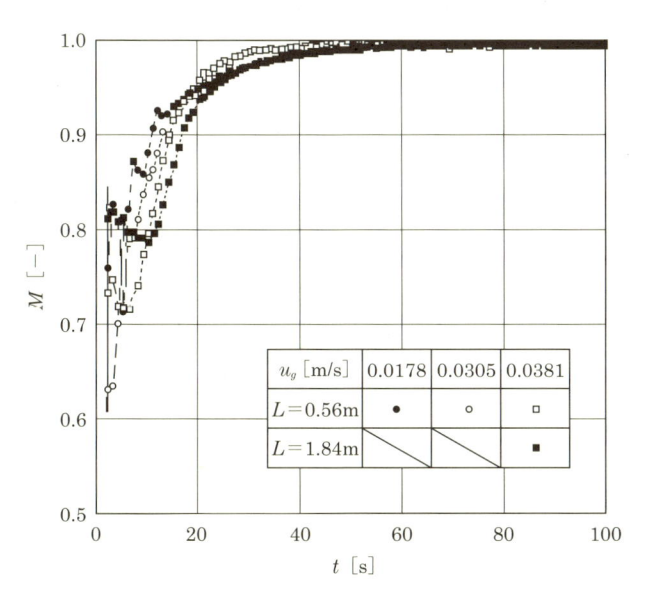

図2-14(b) 気泡塔における混合度の実時間変化

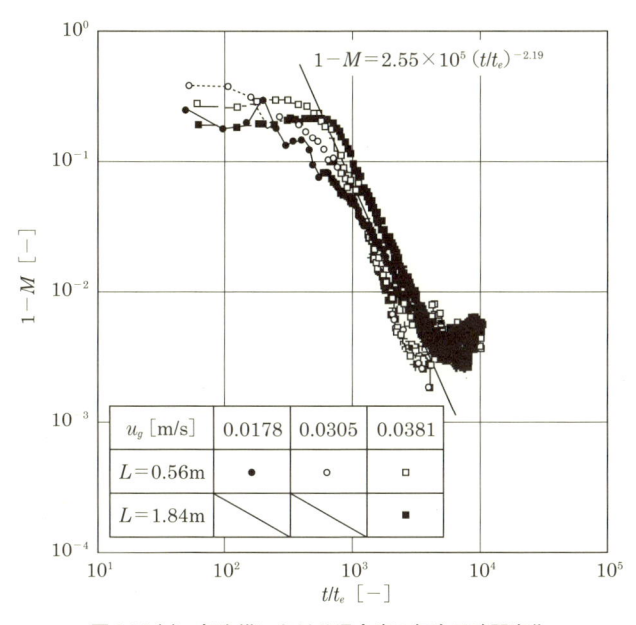

図2-14(c) 気泡塔における混合度の無次元時間変化

$1-M = 2.55 \times 10^5 \, (t/t_e)^{-2.19}$

課題2.9　晶析槽の混合度の経時変化は？

○背景と目標

晶析操作の目的は注目成分を高品質の結晶として分離することにある．結晶の大きさおよび結晶の粒子径分布は製品としてもその後のプロセスにとっても重要な因子である．工業的には多相攪拌・混合がよく行われているが，操作／装置の性能評価についての研究は少ない．従来晶析槽の設計のときはMSMPR（Mixed Suspension Mixed Product Removal）が仮定され，装置内局所の結晶粒子径分布は均一と仮定されているが，この仮定が適切な仮定かどうかは詳細に検討されていない．したがって，Eq.(2.42)で定義された晶析槽内の結晶の粒子径および連続相の空間的な分布も考慮した混合度を求め，MSMPRの仮定の妥当性を検討する必要がある．

そこで晶析槽内の結晶の粒子径および連続相の空間的分布も考慮したEq.(2.42)で定義された混合度をシミュレーションし，晶析槽の設計におけるMSMPRの仮定の妥当性を検討する．

○シミュレーションと結果の考察

用いた晶析槽は図2-15(a)に示す平底円筒攪拌槽である．攪拌槽内は図2-15(a)に示すように32の同心環状領域に仮想分割した．仮想した結晶粒子径分布は図2-15(c)および表2-3に示す3つのグループ（粒子1個の体積比は16：4：1，それら3つのグループと連続相が装置内で占める全体積比は1：2：1：4，装置内の半径方向分布状態は成分ごとに一定）である（したがって槽内は

表2-3　粒子径の3つのグループと連続相

	連続相	大粒子グループ	中粒子グループ	小粒子グループ
上から1，2層	192/256	0/256	32/256	32/256
上から3，4層	192/256	0/256	32/256	32/256
上から5，6層	112/256	32/256	80/256	32/256
上から7，8層	0/256	96/256	128/256	32/256

$M = 0.761$

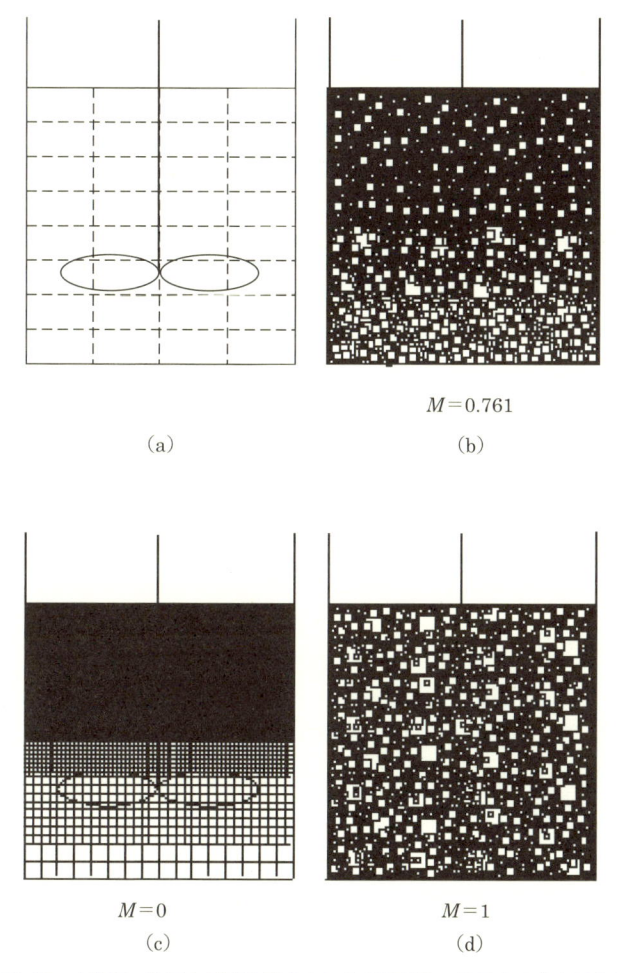

(a) (b)

$M = 0$ $M = 1$
(c)   (d)

図2-15　分散相の装置内局所粒径分布および連続相の装置内分布と混合度
—(a) 仮想分割，(b) 仮想分布，(c) 完全分離状態，(d) 完全一様分布—

表2-3に示すように粒子径の3つのグループと連続相の4成分からなると考える)．
　結晶粒子径の3つのグループと連続相の体積分率に対応してEq. (2.42) の混合度を計算した．結晶粒子径の3つのグループと連続相の槽内分布とそれに対応するそれぞれの混合度を図2-15に示す．この結果から以下のことが明らかになる．

① 図2-15(c)のように各領域がそれぞれ1成分だけで占められている場合は$M=0$，図2-15(d)のように各領域にすべての成分，すなわち分散相のどの粒径の成分も連続相も同じ割合で入り込んでいる場合に$M=1$となる．また，図2-15(b)のように各成分が装置内に偏って分散している場合は$M=0.761$の値をとる．

② 安易にMSMPRを仮定をすることは適切ではないことが推測される（実際の晶析操作で析出する結晶の密度は連続相の密度より大きい場合が多く，槽内の結晶粒子径分布は均一でないと考えられる．実際の操作に近い図2-15(b)の場合でも，$M=0.761$の値をとりMSMPRの仮定からは大きく離れている）．

課題2.10　2種類の固体粒子を攪拌をするときの混合度経時変化は？

〇背景と目標

液―固攪拌・混合操作の目的は以下の4つがある．
① 均一なスラリーを得ること
② 固体粒子の沈殿を防止すること
③ 液―固間の物質移動／反応を促進・制御すること
④ 晶析操作において結晶粒子径を制御すること

いずれにしても最も大事なことは固体粒子を浮遊させることであるが，その場合の分散の程度，すなわち混合度を定量的に検討した研究は少ない．まして分散相も1成分に位置づけして検討した結果は皆無である．また固体粒子の密度の違いと混合度の関係も不明である．そこで，連続相を考慮した場合の混合度について，固体粒子をまとめて1成分とした場合と，固体粒子を別々の2成分とした場合の混合度がどの程度違うかを，Eq.(2.42)の混合性能指標に基づき検討する必要がある．また固体粒子の密度の違いが混合度に及ぼす影響を明らかにする必要がある．

そこで径の異なる2種類の固体粒子を攪拌槽内で実際に混合し，連続相と固体粒子の2成分の混合とみなした場合のEq.(2.42)で定義された混合度と，

連続相と2種類の固体粒子の混合，すなわち3成分の混合とみなした場合のEq. (2.42)で定義された混合度と翼回転速度の関係を明らかにし，また固体粒子の密度の違いが混合度におよぼす影響を明らかにする．

○実験と結果の考察

用いた攪拌槽は図2-16に示す内径180mmの4枚バッフル付平底円筒攪拌槽であり，攪拌翼は図2-16に示す6枚平羽根タービン翼を用いた．翼回転速度は40～700rpm（Re＝0.722×10^4～12.6×10^4）であり，槽内は半径方向9等分，軸方向9等分の同芯二重環状の81領域に仮想分割した．試験流体はイオン交換水，使用固体粒子は以下の2種類である．

① ガラスビーズ（平均径401μm（351～451μm）と592μm（491～701μm），比重2.5，体積分率1～2.5%）．

② イオン交換樹脂（平均径395μm（330～460μm）と625μm（500～750μm），比重1.21，体積分率1～2.5%）．

まず所定の固体粒子および連続相としてのイオン交換水を含む攪拌槽を恒温槽内に設置し，所定の翼回転速度で回転して槽内の流動状態が定常に達した時点で，幅4mmのスリット光を照射して，シャッタースピード1/350sでビデオカメラにより槽内の粒子浮遊状態を撮影する．撮影した画像に基づいて仮想分割された各領域に占める固体粒子の個数を瞬時々々求め，Eq. (2.42)で定義される混合度を計算した．

固体粒子と連続相の2成分の混合とみなした場合の混合度および粒子径の異なる固体粒子の2成分と連続相1成分の合わせて3成分としたときの混合度と翼回転速度の関係を図2-16に示す．この結果から以下のことが明らかになる．

① 固体粒子がガラスビーズの場合，固体粒子と連続相の2成分の混合とみなした場合の混合度$M(2)_G$は混合度が明確な値を取り始める翼回転速度は，粒子径の異なる固体粒子の2成分と連続相1成分の合わせて3成分としたときの混合度$M(3)_G$が明確な値を取り始める翼回転速度よりも高い値が必要である．しかし，固体粒子が比重の軽いイオン交換樹脂の場合はほとんど無視できる程度である．

② 固体粒子がガラスビーズの場合，その後の混合度の翼回転速度に対する

変化速度は $M(2)_G$ の方が $M(3)_G$ より速くなる（これは固体粒子であるガラスビーズの比重が大きいため，低回転では槽底を移動することはあっても浮遊しにくく，粒子径の大きい粒子の移動範囲は小さい粒子の移動範囲よりも狭くなっているためと考えられる）．

③ また固体粒子がイオン交換樹脂の場合も，混合度の翼回転速度に対する変化速度は $M(2)_I$ の方が $M(3)_I$ より速くなる．

④ 両混合度の混合度と翼回転速度の関係は次式で表示できる．

$M(2)_G = 1 - \exp\{-0.370(N-1.255)\}$

$M(3)_G = 1 - \exp\{-0.257(N-0.397)\}$

$M(2)_I = 1 - \exp\{-1.672(N-0.03)\}$

$M(3)_I = 1 - \exp\{-1.461(N-0.03)\}$

⑤ 得られた混合度曲線が混合度 0 でとる横軸の翼回転速度を，粒子浮遊開始翼回転速度と定義することができる．このことは固体粒子がガラスビーズ

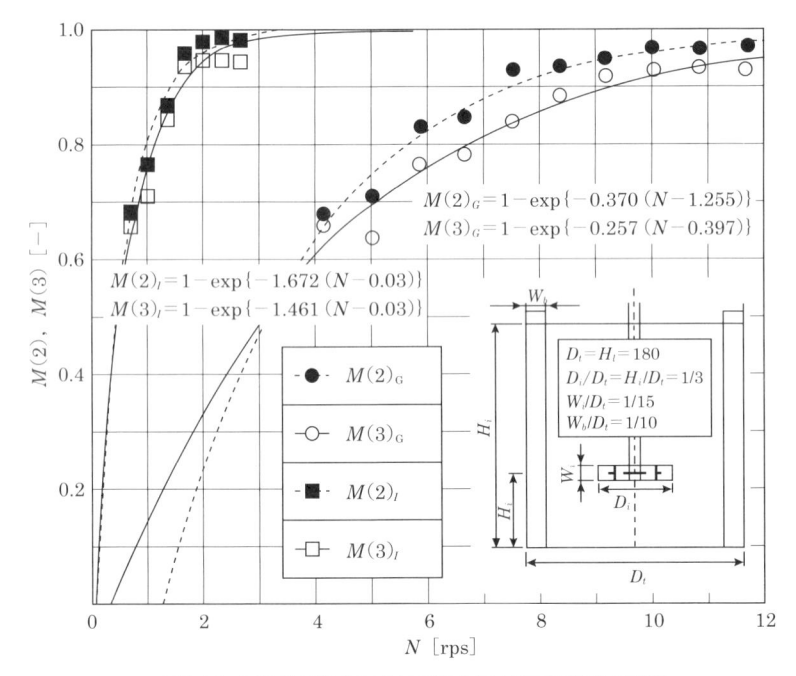

図2-16 固体粒子混合における混合度と翼回転速度の関係

のように比重が連続相と比較して大きい場合は重要で，この値は実操作においても有効な情報を与えるものと考えられる．

> **課題 2.11** 円管内流れにおいて第 2 流体を注入する半径位置の違いによって混合度の軸方向変化はどのような影響を受けるか？

○背景と目的

　円管はある装置から他の装置へ流体を輸送する手段として考えられていて，それ自体が装置として考えられていなかった節がある．しかしパイプラインで流体を輸送しながら混合や反応を促進させたいという要望は多く，また実際にも行われている．しかし第 2 流体を円管内のどの半径位置から注入すれば最も短い軸方向距離で目的とする混合／反応が達成できるかは未解決の問題である．したがってまず各半径位置から連続的に注入されたトレーサーの下流における管軸に垂直な断面内の濃度分布を求める必要があるが，理論的に求めることはできないし，また実験的に求めるにしても極めて長い試験円管を要するために精確な知見が得られていない現状である．その断面内濃度分布が得られさえすれば，Eq. (2.10) で定義された混合度を計算してその軸方向変化を求めることができ，注入する半径位置の違いによる下流における混合状態を比較することができて，例えば管中心軸上と管壁面上のどちらから注入する方が適切かを比較検討することができる．

　そこで，円管内乱流場の管中心軸上と環状壁面上からそれぞれ連続注入されたトレーサーの管内濃度分布に基づく Eq. (2.10) で定義された混合度の軸方向変化をシミュレーションにより求め，管中心軸上と環状壁面上のどちらから第 2 流体を注入すればより短い軸方向距離で混合が終了するかを明らかにする．

○シミュレーションと結果の考察

　まず各半径位置から連続的に注入されたトレーサーの下流における管軸に垂直な断面内の濃度分布を求める必要があるが，理論的に求めることはできないし，また実験的にも極めて長い試験円管を要するために精確な知見が得られていない現状である．しかし，円管内乱流場の平均速度分布，流速変動強度など

の統計量がわかれば，各半径位置から連続的に注入されたトレーサーの下流における管軸に垂直な断面内の濃度分布を求めることは可能である．

そこで，流動状態は管中心軸に対して軸対称で，軸方向には一様の完全乱流であるとし，代表速度を用いて無次元化した軸方向平均速度および乱流強度の半径方向分布（Re≒3.5×10⁴～2.5×10⁵に及ぶLawn（1971）の結果とRe≒3.8×10⁵におけるLaufer（1955）の結果[8]）を利用することとし，混合現象は軸方向および半径方向への2次元現象で，着目する微小空間に導入された物質は瞬間的に完全混合されて一様濃度を示すと仮定して，管中心軸上および環状壁面上から注入されたトレーサーの下流における管軸を通る断面内の濃度分布，したがって管軸に垂直な断面内の濃度分布を簡単な仮定の下に計算した．この場合，領域分割を，半径方向には管内径の10分の1の長さ，管軸方向には軸方向平均速度で1秒間流体が進む距離の10分の1の長さをもつ管軸を中心とする10の同芯環状領域に仮想分割して行った（詳細については原報（Ogawa and Ito, 1974）を参照されたい）．得られた管軸に垂直な断面内の濃度分布に基づいて，トレーサー注入位置から下流における管軸に垂直な断面における混合度をEq. (2.10)で計算した．

管中心軸および管壁から注入されたトレーサーの管軸を通る断面内の濃度分布を図2-17 (a), (b) に示す．また同濃度分布に基づいて得られる混合度の軸方向変化を図2-17 (c) に示す．これらの結果から以下のことが明らかになる．

① 円管内乱流場の平均速度分布，流速変動強度などの値が分かれば，各半径位置から連続的に注入されたトレーサーの下流における管軸に垂直な断面内の濃度分布を求めることができ，推算された管軸をとおる断面内のトレーサーの濃度分布は実験結果ともよく一致する．

② 注入位置を環状壁面とした方の混合度の方が，管中心軸上に注入した場合の混合度よりもどの軸方向位置でも高い値をとる（注入位置を環状壁面上とした方が管中心軸上に注入するよりも短い距離で同じ混合状態を達成できる．混合度が0.9に達するのは，環状壁面から注入した場合は管径の約9倍下流であり，管中心軸上から注入した場合にはその約1.44倍の距離である管径の約13倍下流である）．

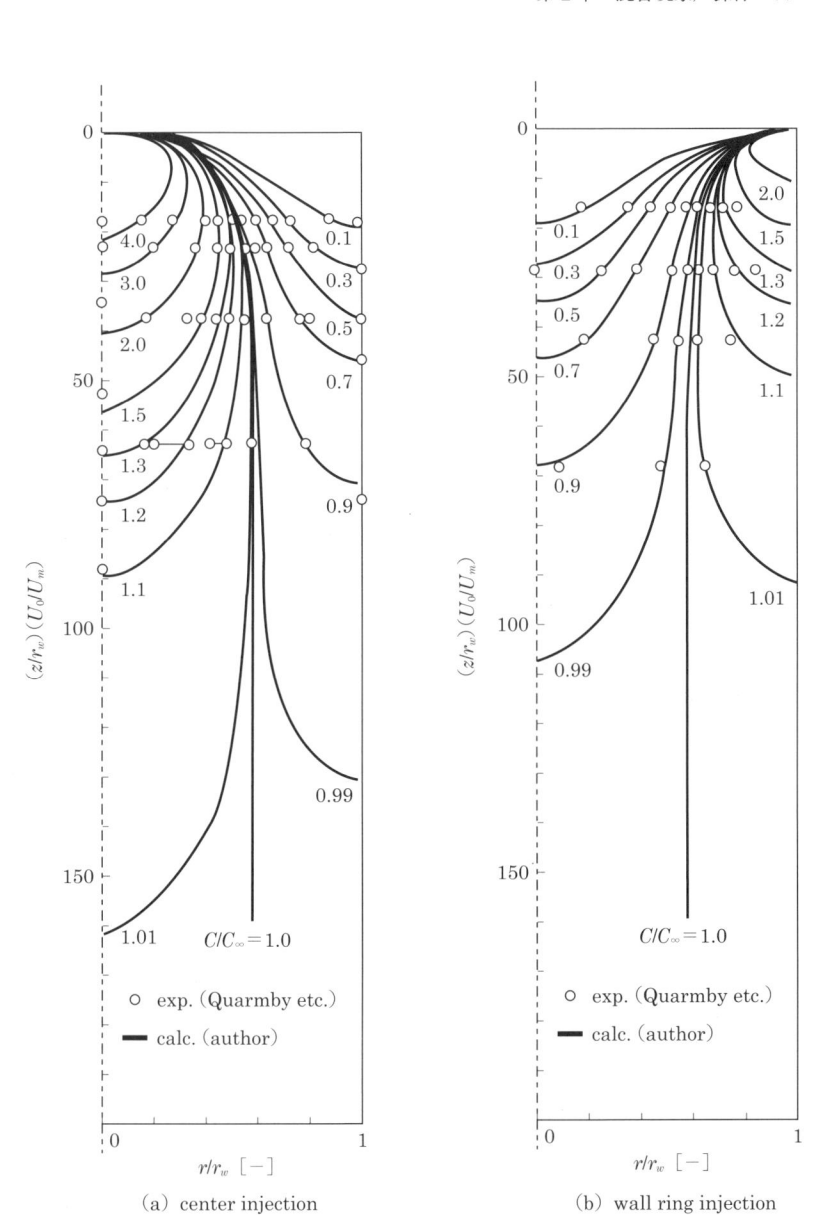

(a) center injection (b) wall ring injection

図2-17(a)(b) トレーサー注入位置と混合度の軸方向変化の関係
—注入されたトレーサーの等濃度線図—

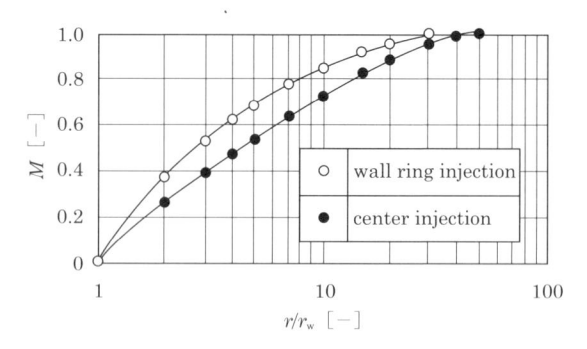

図2-17(c) トレーサー注入位置と混合度の軸方向変化の関係
―混合度の軸方向変化―

③ 混合速度は以下のようになる．
環状壁面上注入＞管中心軸上注入
④ 上記以上に領域を細分化しても得られる結論に差異はほとんど認められない．

課題2.12　円管の局所混合性能指標と乱流拡散係数の半径方向分布の相違は？

〇背景と目的

［課題2.11］に示したように，円管内乱流場において管中心軸上および環状壁面上からそれぞれ連続的に注入されたトレーサーの下流における濃度分布に差異が生じる理由は，管軸に垂直な横断面内の各半径位置の混合性能の相違に基づくと考えられる．円管内横断面内の各半径位置の混合性能については，従来から乱流速度変動に基づく乱流拡散係数の半径方向分布などによって判断されてきたが，それだけでは十分ではない．したがって実験を行い，管軸に垂直な横断面内の各半径位置の混合性能の相違をEq.(2.27)で定義された局所混合性能指標に基づいて求め，従来の乱流拡散係数と比較検討する必要がある．

そこで円管内乱流場の管軸に垂直な横断面内の各半径位置のEq.(2.27)で定義された所混合性能指標の半径方向分布を実験的に求め，従来の乱流拡散係数の半径方向分布と比較検討する．

○実験と結果と考察

用いた円管は内径 76mm のアクリル樹脂製垂円管 であり，3次元挙動を測定するために平板ミラーを円管側面に設置した．用いた試験流体は常温の水道水であり，トレーサーとして径 0.8～1.2mm，密度 1.0g/cm^3，体積比約 6.0×10^{-6} の球形ポリスチレン粒子を用いた．対象とした流動状態は完全乱流（Re ＝1.1×10^4）であり，管内仮想分割方法は図2-18(a), (b) に示すように助走区間 150cm の後方 25cm の間を縦 3.6mm，横 3.6mm，軸方向 10mm の大きさの領域に分割した．

まず所定の流量で定常に流動していることを確認してから，トレーサー粒子の三次元的挙動をビデオ撮影し，各領域間を 0.5s 間にトレーサー粒子が移動する移動確率（P_{ij} および P_{ji}）を求め，それを流体の移動確率と同じとみなして，Eq. (2.27) にしたがって半径方向各位置における流出流に基づくディストリビューターとしての局所混合性能指標と流入流に基づくブレンダーとしての局所混合性能指標を計算した．

各半径位置から流入された粒子の下流における分散状態をドットで表示した図が図 2-18(a), (b) である．また図 2-18(c) に得られたディストリビューターとしての局所混合性能指標と流入流に基づくブレンダーとしての局所混合性能指標の半径方向分布，および乱流拡散係数の半径方向分布を示した．これらの結果から以下のことが明らかになる．

① ディストリビューターとしての混合性能とブレンダーとしての混合性能とは，いずれの半径位置においても明確な差異はなく，r/r_w＝0.5～0.9 でほぼ一定の比較的高い混合性能を示す．

② この結果は，従来から乱流混合を議論するときによく利用される乱流速度変動に基づく乱流拡散係数の半径方向分布（同図(c)の破線）とは明確に異なっている．この理由は，実験に用いたトレーサーとしての球形スチレン粒子の挙動はその大きさとほぼ等しい 0.8～1.2mm 以上のスケールを有する乱流速度変動にのみに依存し，それより小さいスケールをもつ乱流速度変動の影響はほとんど受けないのに対して，従来の乱流速度変動に基づく乱流拡散係数は，0.8～1.2mm より微小なスケールをもつ乱流速度変動の影響も十分に反映しているために生じると考えられる（しかし混合

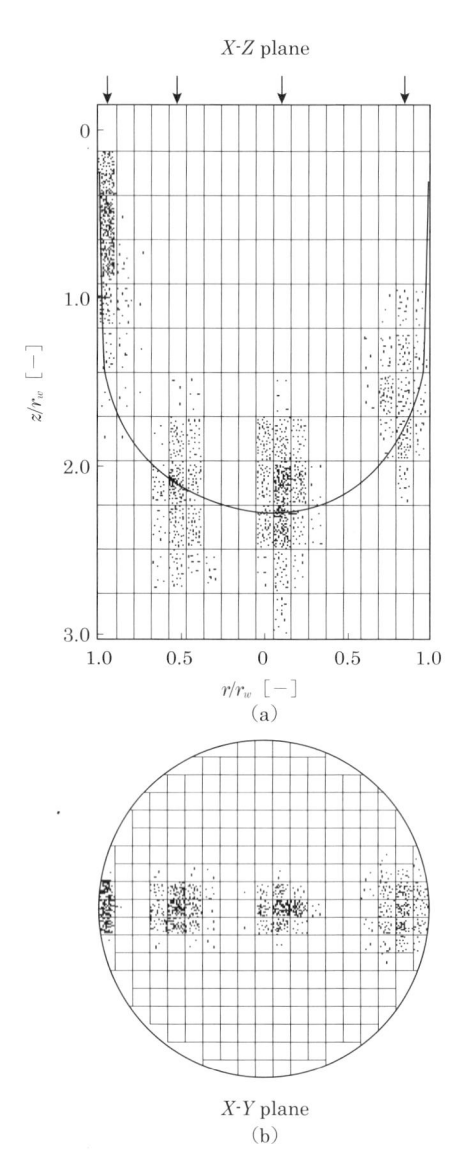

図 2-18 (a), (b)　円管内乱流場の局所混合性能
—r-z断面およびr-θ断面におけるトレーサー粒子の分散状態—

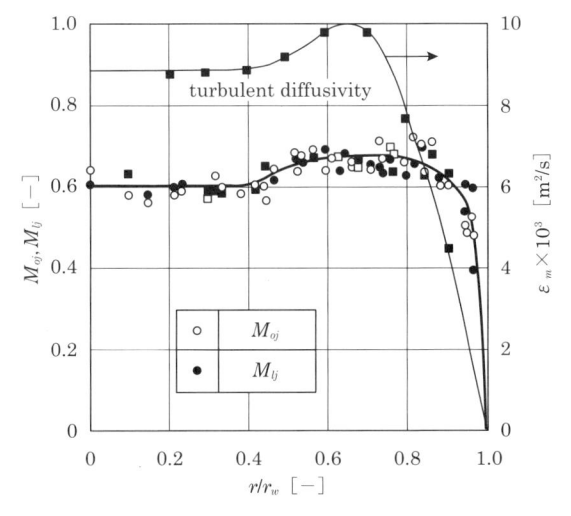

図2-18(c) 円管内乱流場の局所混合性能
―局所混合性能の半径方向分布―

現象に大きな役割を果たすマクロな乱流変動に注目するならば，0.8〜1.2mm 程度以上のスケールの乱流変動を対象としておけば十分と考えられ，逆に従来からよく用いられている乱流拡散係数に注目するだけでは十分な判断ができないことを示唆している).

③ また，課題 2.11 で述べたように，トレーサー注入半径位置による混合度軸方向変化を検討した場合には，トレーサーを環状壁面上に注入した方が管中心軸上に注入するよりも混合速度が速いという結果が得られる．この原因は，環状壁面上に注入した方が注入する領域の面積が大きいこともあるが，環状壁面上近傍の方が管中心軸上近傍よりも局所混合性能指標が大きく，環状壁面上に注入した方が管中心軸上に注入するよりも速く他の領域に到達するためと理解できる．

第3章

分離現象

3.1 はじめに

攪拌・混合操作／装置と表裏の関係にあるのが分離操作／装置である．前章では攪拌・混合操作／装置について記述した．したがって本章では表裏の関係にある分離操作／装置を情報エントロピーというメガネをかけて見ることにする．

化学産業においては，物を混ぜて反応等をさせ，目的とする物質を得た後は，必ずといってよいほどそれを分離する操作が必要となる．したがって分離操作は攪拌・混合とならんで化学工学において欠くことのできない重要な操作の1つである．分離操作と攪拌・混合操作は表裏の関係にある操作であるが，攪拌・混合操作は単なる混ぜ合わせと熱や物質の移動速度や反応速度の制御が目的であるが，分離操作は単なる分離しかその目的にはない．しかしその分離過程は，やはり空間および時間の関数であることは確かである．また分離装置にも以下の2型式がある．

① 流通系
② 回分系

● **代表的分離操作** ●

代表的分離操作は抽出，吸収，晶析などである．

抽出操作の目的は，相互に不可溶な2相の一方の相を他相中に分散させて2相間の物質移動，抽出反応を促進することである．原理的には2相の界面積を増大させることが肝心である．しかし，界面における現象は系によって大きく異なる．

抽出装置は以下の3つに分類できる．
① 塔型（多孔板塔，充填塔，バッフル塔など）
② ミキサーセトラー型
③ 遠心型

吸収操作の目的は，ガスの清浄，有用物質の回収，危険物質の除去などである．吸収においては液中に溶けている溶質あるいは複数の溶質がガスあるいは液体と接触する．吸収は以下の2つに分類される．
① 物理吸収
② 化学吸収

さらに吸収装置も以下の2つに分類される．
① ガス分散型（気泡塔，通気攪拌槽，プレート／トレー塔など）
② 液分散型（充填塔，スプレー塔，濡れ壁塔など）

吸収装置にとって最も大事な因子は，単位体積当たりの液—気接触面積であり，物質移動流束が十分に大きいことである．

● 晶析操作 ●

晶析操作の目的は，単に溶質を分離するだけでなく，結晶を製造することである．一般に溶液を冷却したり，溶媒を蒸発させたりして，高品質の結晶を製造し，母液から分離する．濃度が過飽和の溶液の取り扱いは以下の5つに分類される．
① 冷却型（熱交換）
② 真空型（蒸発のため減圧）
③ 反応型（沈殿物を生成）
④ 低溶解型（溶解度低下のために貧溶解の溶質を加える）
⑤ 圧力型（飽和温度上昇のため加圧）

一般に特定の結晶粒子径分布を得ることは困難であるが，近年はより高品質で均質粒子径の結晶に対する需要が高まっている．

　従来は機械的分離操作／装置の評価は製品，残留物そして品質といった概念に基づいて直感的に行われてきたといっても過言ではない．例えば最も広く一般的に利用されてきた分離操作の評価指標としてニュートン（Newton）効率（総合回収率または総合分離効率ともいわれる）がある．このニュートン効率は製品の品質ができるだけ高く，歩留まりができるだけ大きいことが望ましいとして

(製品の歩留り)×(品質向上)

あるいは有用成分の回収ができるだけ多く，製品への不用成分の混入ができるだけ少ないほうが望ましいとして

(有用成分の回収率)−(製品への不用成分の混入率)

といったように望ましい因子の積が大きい程，あるいは望ましい因子と望ましくない因子の差が大きいほど効率がよいという観念から定義されている．このニュートン効率は図 3-1，表 3-1 に示すような 2 成分系の場合は，

$$\eta_N = \frac{P}{F}\frac{x_P P}{x_F F} = \frac{x_P P}{x_F F} - \frac{(1-x_P)P}{(1-x_F)F} = \frac{(x_P - x_F)(x_F - x_R)}{x_F(1-x_F)(x_P - x_R)} \tag{3.1}$$

と表される．

また他には，有用成分の回収率も不用成分の回収率もともにできるだけ多い方が望ましいとして両因子の積（製品中の有用物質の回収率）×（残留物中の不用成分の回収率）をとるリチャース (Richarse) の分離効率もある．このリチャース (Richarse) 効率は 2 成分系の場合は

$$\eta_R = \frac{x_P P}{x_F F} \cdot \frac{(1-x_R)R}{(1-x_F)F} = \frac{(1-x_R)(x_P - x_F)(x_F - x_R)x_P}{(1-x_F)(x_P - x_R)^2 x_F} \tag{3.2}$$

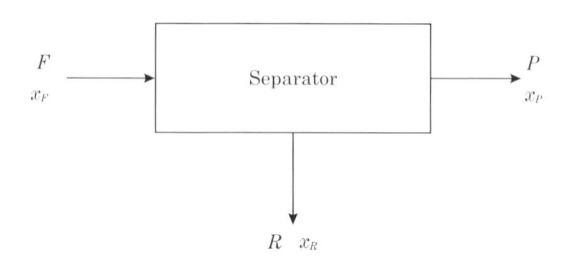

図3-1　2成分分離操作

表3-1　2成分分離操作

	Flow rate	Fraction of useful component
Feed	F	x_F
Product	P	x_P
Residuum	R	x_R

と表される.Eq.(3.1)やEq.(3.2)のように直感的で科学的意味が希薄な分離の効率の定義に,前章の新たな混合の効率や従来の分散値などを用いた混合の効率と表裏の関係を求めることはまったくできない.

3.2 分離度の定義

本章では,はじめに述べたように混合現象と分離現象とは表裏の関係にあることを念頭において,情報エントロピーのメガネをかけて分離操作/装置を評価する方法について示す.また以下では分離の効率として前章の"混合度"に対応して"分離度"という言葉を用いることにする.

ここでは m 成分の回分および連続の分離操作を想定して,情報エントロピーの視点から,装置内あるいは装置出口から1粒子を採取するときに,その粒子が「m 成分のどの成分か?」についての不確実さに基づいて分離操作/装置を評価する方法について説明する.分離度を定義するために条件を次のように設定する(図3-2).

なお以下で領域というときは回分の分離装置の装置内を想定しているが,連続の分離装置の場合は各装置の予定される対象成分ごとの流出口を指すと考えても差し支えない.さてここから以降 Eq.(3.11)までは,前章2.4節のEq.(2.32)からEq.(2.40)までの展開とまったく同じである.

1) 全体積 V_T の装置内を微小な単位体積 V_0 の n 領域に仮想分割する.
$$nV_0 = V_T \tag{3.3}$$

2) m 成分の体積をそれぞれ $V_1, V_2, \cdots, V_m$ とする.またこの場合,成分 i の体積は,単位体積 V_0 を用いて $V_i = m_i V_0$ と表す.
$$\sum_i^m V_i = \sum_i^m m_i V_0 = V_T \tag{3.4}$$

3) 分離開始後,時刻 t で領域 j 中に成分 i の占める体積を v_{ji} とする.
$$\sum_j^n v_{ji} = V_i \tag{3.5}$$

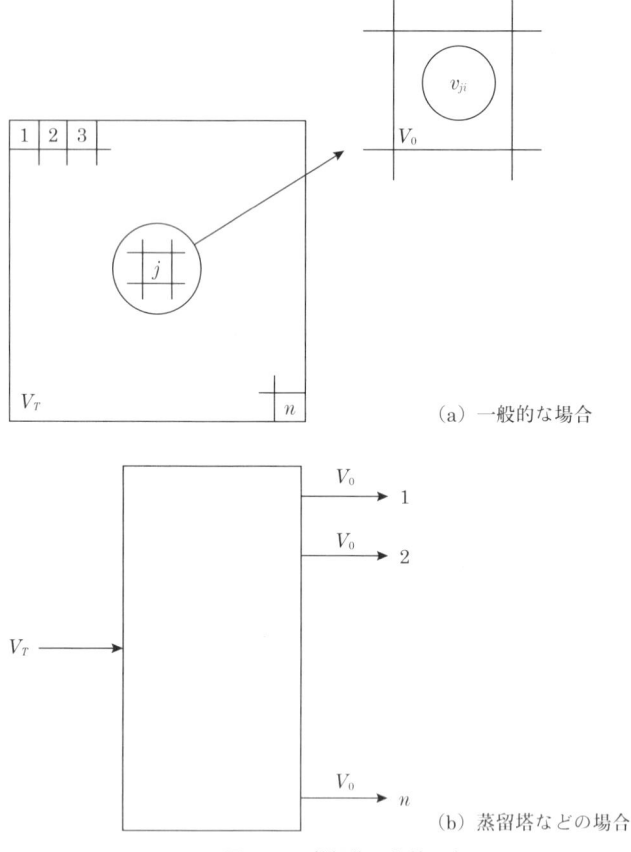

図3-2 分離操作の条件設定

　この設定条件の下に，混合開始後の時刻 t で装置内から採取された粒子が「m 成分のどの成分か？」についての不確実さに基づいて混合操作を評価することになる．装置中に含まれる成分 i の体積は V_i であるからその全成分量に対する割合（確率）は V_i/V_T である．したがってその粒子が成分 i であることを知らせる情報がもたらす情報量 $I(C_i)$ は

$$I(C_i) = -\log \frac{V_i}{V_T}$$

で表される．この情報が得られる確率は成分 i の体積の全成分量に対する割合と等しく V_i/V_T であるから，その粒子が「m 成分のどの成分か？」についての

不確実さを示す情報エントロピー $H(C)$ はすべての成分 i について上記情報量の平均をとった

$$H(C) = \sum_i^m \frac{V_i}{V_T} I(C_i) = -\sum_i^m \frac{V_i}{V_T} \log \frac{V_i}{V_T} \equiv -\sum_i^m P_i \log P_i \tag{3.6}$$

と自己エントロピーで表される．

　分離操作である以上，製品の m 成分を取り出すときには，どの領域からどの成分をとり出すかは明らかであり，分離開始後は各領域と各成分の間には何らかの密接な関係が生じるはずである．したがって採取される領域が知らされれば上記 Eq. (3.6) で示される不確実さが多少は減少することになる．そこで領域 j から粒子が採取されることが知らされている場合に，その採取された粒子が「m 成分のどの成分か？」についての不確実さについて考察する．領域 j 中に含まれる成分 i の体積は v_{ji} であるからその領域 j 中の全成分量に対する割合（確率）は v_{ji}/V_0 である．したがってその粒子が i 成分であることを知らせる情報がもたらす情報量 $I(C_i/j)$ は

$$I(C_i/j) = -\log \frac{v_{ji}}{V_0}$$

で表される．この情報が得られる確率は，領域 j 中に含まれる成分 i の領域 j 中の全成分量に対する割合と等しく v_{ji}/V_0 であるから，その粒子は「m 成分のどの成分か？」についての不確実さを示す平均情報エントロピー $H(C/j)$ はすべての成分 i について上記情報量の平均をとって

$$H(C/j) = -\sum_i^m \frac{v_{ji}}{V_0} I(C_i/j) = \sum_i^m \frac{v_{ji}}{V_0} \log \frac{v_{ji}}{V_0} \equiv \sum_i^m P_{ji} \log P_{ji} \tag{3.7}$$

と表される．ところで領域 j から採取されるという情報だけがいつも得られるわけではなく，領域 j から採取されるという情報が得られる確率は領域 j の体積の装置全体積に対する割合と等しく (V_0/V_T) であるから，「採取される領域を知ることができる」という条件下でその粒子が「m 成分のどの成分か？」という不確実さを示す情報エントロピー $H(C/R)$ はすべての領域 j について上記情報エントロピーの平均をとって

$$H(C/R) = \sum_j^n \frac{V_0}{V_T} H(C/j) = -\frac{1}{n} \sum_j^n \sum_i^m P_{ji} \log P_{ji} \tag{3.8}$$

と条件付エントロピーで表される.

つまり,「採取される領域を知ることができる」と聞いただけで,その粒子が「m 成分のどの成分か？」についての不確実さははじめの $H(C)$ から $H(C/R)$ に減少する.この減少分である相互エントロピー $I(C;R)$ は

$$I(C;R) = H(C) - H(C/R)$$
$$= -\sum_{i}^{m} P_i \log P_i + \frac{1}{n}\sum_{j}^{n}\sum_{i}^{m} P_{ji}\log P_{ji} \qquad (3.9)$$

と示され,「採取される領域を知ることができる」という情報がもたらす情報量ということになる.もし,分離が完璧に理想的になされて各領域がそれぞれ予定された成分で占められている場合には,採取される領域を知るだけでその粒子はどの成分かがわかり,はじめの不確実さは無くなる.そしてこの場合は「採取される領域を知ることができる」という情報がもたらす情報量 $I(C;R)$ は「m 成分のどの成分か？」についての不確実さ $H(C)$ に等しくなる.また,分離がまったくなされずにどの領域でも各成分が占める体積比が原料の各成分の占める体積比と等しくなる場合には,採取される領域を知らされても何の役にも立たず,はじめと同じ不確実さがそのまま残る.そしてこの場合は「採取される領域を知ることができる」という情報がもたらす情報量 $I(C;R)$ は 0 となり,このことは感覚的にも一致する.

次に Eq. (3.9) の相互エントロピー $I(C;R)$ がとる最大値および最小値を数学的に検討する.Eq. (3.9) 中の自己エントロピー $H(C)$ は原料組成によって定まり,操作中は変化しない定数と考えられるから,$I(C;R)$ の最大値および最小値は条件付エントロピー $H(C/R)$ がとる最小値および最大値によって定まる.$H(C/R)$ は,P_{ji} が

$$P_{ji=a} = 1, \quad P_{ji\neq a} = 0$$

となるときに,最小値

$$H(C/R)_{\min} = 0 \qquad (3.10(a))$$

をとる.また P_{ji} が

$$P_{ji} = \frac{V_i}{V_T} = P_i$$

となるときに最大値

$$H(C/R)_{\max} = -\sum_{i}^{m} P_i \log P_i \qquad (3.10(b))$$

をとる．ここで a は特定の 1 成分を示す．したがって，相互エントロピー $I(C; R)$ は，P_{ji} が

$$P_{ji_{i=a}} = 1, \quad P_{ji_{i \neq a}} = 0$$

となるときに最大値

$$I(C;R)_{\max} = -\sum_{i}^{m} P_i \log P_i \qquad (3.12(a))$$

をとる．また P_{ji} が

$$P_{ji} = \frac{V_i}{V_T} = P_i$$

のときに最小値

$$I(C;R)_{\min} = 0 \qquad (3.12(b))$$

をとる．ここで a が特定の 1 成分を示すことに変わりはない．

上記相互エントロピー $I(C;R)$ が最大値をとる条件は，分離が完璧に理想的になされ，各領域をそれぞれ予定した成分が占めている場合に成立する．また，最小値をとる条件は，分離がまったくなされず，各領域で各成分の占める体積比が原料中で各成分の占める体積比と等しくなる場合に成立する．つまり，混合の場合とまったく背腹の条件の対応関係である．

このように分離がまったくなされない場合と完璧に理想的になされる場合にそれぞれ相互エントロピーが最小値と最大値をとることから，分離がまったくなされない状態から混合が完璧に理想的になされた状態への漸近の程度を示す分離度 $\eta(m)$ は相互エントロピー $I(C;R)$ を用いて

$$\eta(m) = \frac{I(C;R)_{\min} - I(C;R)}{I(C;R)_{\min} - I(C;R)_{\max}} = 1 - \frac{-(1/n)\sum_{j}^{n}\sum_{i}^{m} P_{ji} \log P_{ji}}{-\sum_{i}^{m} P_i \log P_i} \qquad (3.13)$$

と定義することができる．この新たに定義された分離度は，まったく分離がなされない場合の 0 から完璧に理想的に分離がなされた場合の 1 までの値をとる．

$$0 \leq \eta(m) \leq 1 \qquad (3.14)$$

さて，実際に分離度を求める視点から考えると，装置内を微小な多くの領域に仮想分割し各成分の体積を求めることは極めて困難である．一般的には完全混合を仮定できる適切な異なる大きさの体積を有する領域に仮想分割することになるが，この場合は各領域を同じ性質を有する上記微小体積の集合と考えれば同様に取り扱える．

以上で多成分を対象とする分離装置において各成分の装置内の濃度分布に基づくその時刻における分離状態を分離度で定量的に評価できるようになったわけである．分離操作／装置の評価はこの分離度の経時変化を考慮してなされなければならないことは言うまでもない．しかし多成分を対象とする分離操作において分離度の経時変化までも検討した例は数少ないのが現状である．これは多くの分離装置が回分系としてではなく流通系として利用されていることに多く依存する．

このm成分の分離度の定義が前節のm成分の混合度の定義と異なる点は，相互エントロピーが最大値および最小値をとる条件と，分離操作と混合操作がそれぞれまったく進行しなかった場合および完璧に理想的に進行した場合の条件との対応がまったく逆になっていることである．

したがって当然ながらこのEq. (3.13) の分離度$\eta(m)$と前章におけるEq. (2.41) の混合度$M(m)$との間には，

$$M(m)+\eta(m)=1 \tag{3.15}$$

の関係があることは明確である．これではじめに述べた互いに表裏の関係にある攪拌・混合と分離の操作／装置の一貫した評価方法ができたことになる．なお，前章の混合現象に関する各種評価指標との関係は表3-2に示してある．

課題3.1　定義された分離度とニュートン効率の検知精度の相違は？

○背景と目的

2成分分離における分離効率として広く利用されてきたニュートン効率は，その検知精度に限界があるといわれる．したがって，新たにEq. (3.13) で定義した分離度の検知精度をニュートン効率の検知精度と比較検討する必要がある．

そこで2成分の分離を行った場合のEq. (3.13) で定義された分離度の検知

精度とニュートン効率の検知精度を，原料，製品，残留物中に占める有用成分の割合を変化させてシミュレーションにより比較検討する．

○シミュレーションと結果の検討

用いた分離系は有用成分と不用成分とからなる2成分系を対象とする．
原料，製品，残留物中の有用成分含有率を変化させて Eq.(3.13) で定義され

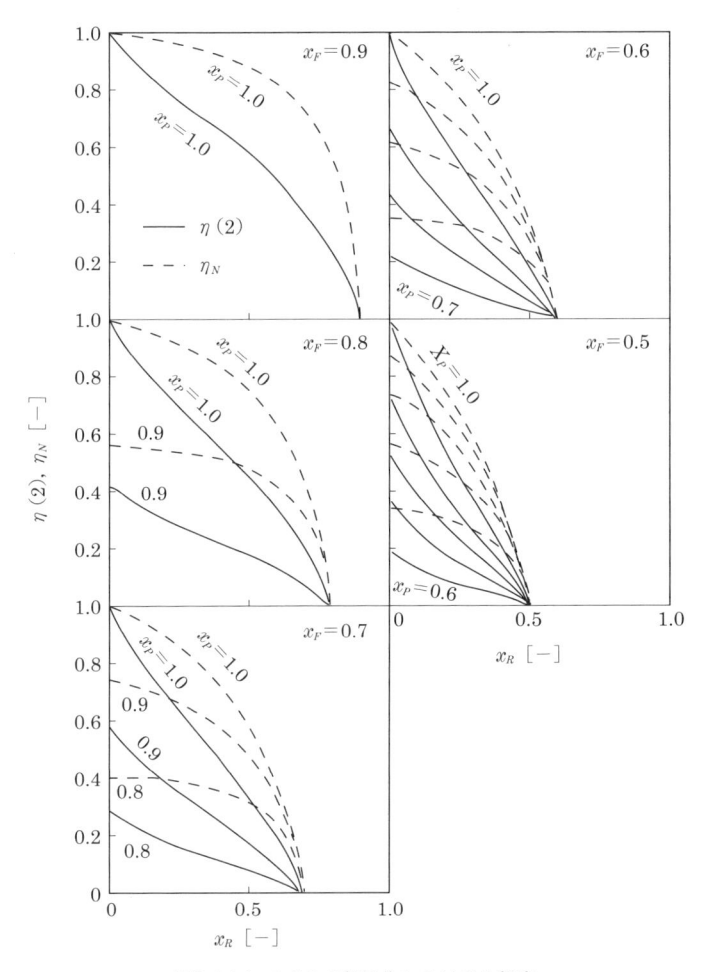

図3-3(a) 2成分分離操作における分離度
―Eq.(3.13)で定義された分離度とNewton効率の比較―

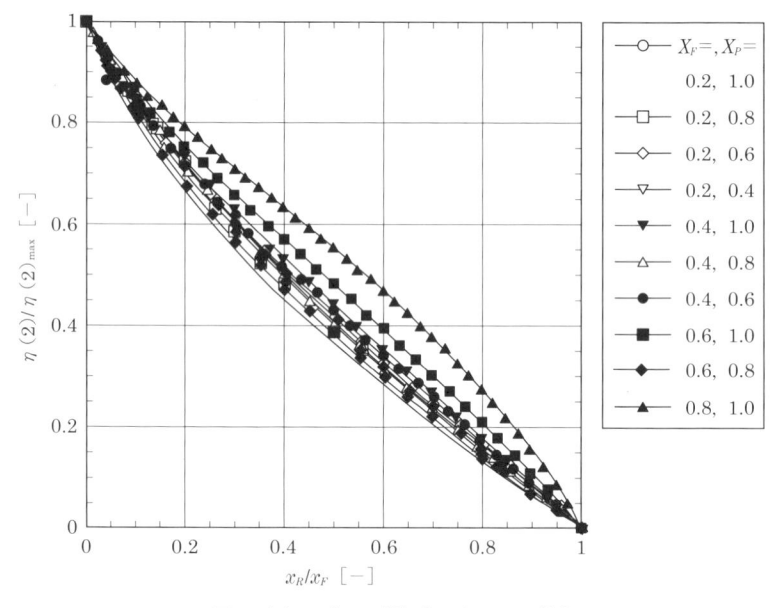

図3-3(b) 2成分分離操作における分離度
―Eq.(3.13)で定義された分離度のS字型曲線―

た分離度を計算した．

原料，製品および残留物の有用成分含有率 x_F，x_P および x_R の種々の組み合わせに対する Eq.(3.13) の分離度の示す変化とニュートン効率の結果を比較した結果が図3-3(a)である．同図はいずれの指標も有用成分と不用成分に対する見方を逆にしても同一の結果が得られることから，x_F が0.5より小さくなる場合には有用成分と不用成分および製品と残留物に対する見方を逆にすればそのまま利用できる．また $\eta(2)/\eta(2)_{max}$ と x_R/x_F の関係を図3-3(b)に示す．これらの結果から以下のことが明らかになる．

① Eq.(3.13)で定義された分離度の方がニュートン効率よりも分離操装置をより公平に評価している（いずれの x_F 値の場合も，ニュートン効率は x_R 値が x_F 値に近い範囲では僅かな有用成分含有率の変化に対して敏感に反応して大きな値の変化を示すが，x_R 値が0に近い範囲では有用成分含有率の変化に対して十分な値の変化を示さない．これに対して，新たなEq.(3.1-10)の分離度はすべての条件下において，x_R 値にかかわらず

ニュートン効率より直線的変化を示している（図 3-3 (b)）.

② とくに図 3-3 (b) からも明らかなように，Eq. (3.13) で定義された分離度の曲線が S 字曲線となっていることは，高度分離を行う場合には利用価値が高い．

課題 3.2　蒸留塔の分離度は？

○背景と目的

蒸留塔は化学工業では広く用いられる装置であるが，従来その性能評価は流出液，残留液などの液組成に基づいて判断されてきており，分離度が用いられることは極めて少なかった．しかし蒸留塔の場合も，設計の段階では分離する対象成分とその流出口が明確に定まっているので，Eq.(3.13) で定義された分離度を蒸留塔の分離性能を評価するときにも利用できるはずであり，それを実証する必要がある．

そこで蒸留塔の性能評価を Eq. (3.13) で定義された分離度で判断できることを検証する．

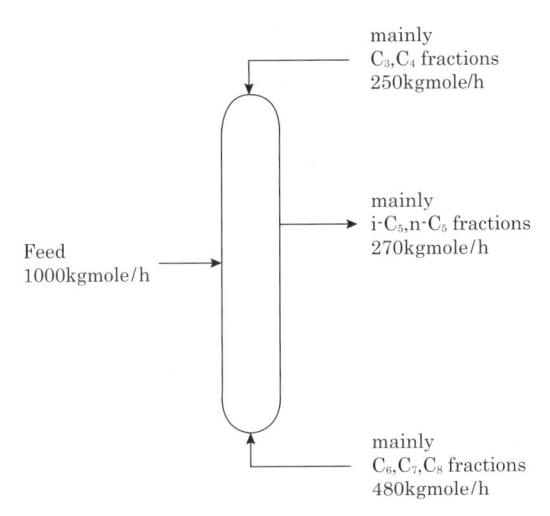

図 3-4　石油精製用蒸留塔の例

表 3-2 混合および分離に関する評価指標の相互関係

	mixedness for m component	$M(m)$ and separation efficiency
	$M(m) = \dfrac{-\sum\limits_{j}^{n}\sum\limits_{i}^{m}\dfrac{1}{n}p_{ji}\log p_{ji}}{-\sum\limits_{i}^{m}p_{i}\log p_{i}}$	$M(m) + \eta(m) = 1$
blender	$\Downarrow m=n$	
whole	$M(n) = M_{iw} = \dfrac{-\sum\limits_{j}^{n}\sum\limits_{i}^{n}\dfrac{1}{n}p_{ji}\log p_{ji}}{\log n} = M_{0w} = \dfrac{-\sum\limits_{j}^{n}\sum\limits_{i}^{n}\dfrac{1}{n}p_{ji}\log p_{ji}}{\log n} \Rightarrow i=O \Rightarrow M_{iw} = \dfrac{-\sum\limits_{j}^{n}p_{jO}\log p_{jO}}{\log n}$	mixedness for impulse response method
	$\Uparrow \sum\limits_{j}$	$\Uparrow \sum\limits_{j}$	
blend	distribution	
region-j	$M_{ij} = \dfrac{-\sum\limits_{j}^{n}p_{ji}\log p_{ji}}{\log n}$	$M_{Oj} = \dfrac{-\sum\limits_{j}^{n}p_{ij}\log p_{ij}}{\log n}$

○シミュレーションと結果の考察

対象とした蒸留塔は図 3-4 に示すように重質分と Pentanes の混合物から LPG (liquefied petroleum gas C_3 および C_4 を分離する典型的な石油精製用蒸留塔であり，原料は表 3-3 に示す重質分と Pentanes の混合物 1000 kgmole/h (C_3 および C_4 を 250 kgmole/h，C_5 を 270 kgmole/h，C_6, C_7, C_8 を 480 kgmole/h 含む) からなる．また，目的流出物は表 3-2 に示すように塔頂から軽質の C_3 および C_4，塔中から isoC_5 と normalC_5，塔底から C_6, C_7, C_8 である．実際の流出物は表 3-2 に示すように塔頂からは C_3 および C_4 以外に isoC_5 と normalC_5，塔中からは isoC_5 と normalC_5 以外に C_3 および C_4 と C_6, C_7, C_8，塔底からは C_6, C_7, C_8 以外に isoC_5 と normalC_5 とし，各成分数を表 3-3 (C_3 および C_4 の塔頂成分と，C_5 の塔中成分と，C_6, C_7, C_8 の塔底成分の 3 成分) に示した．表 3-3 に示された操作条件に対して Eq. (3.13) で定義された分離度を計算した．

表 3-3 蒸留操作条件と分離度

		Feed (1000kgmole/h)			$\eta(3)$
		C_3, C_4 (250kgmole/l)	C_5 (270kgmole/l)	C_6, C_7, C_8 (480kgmole/h)	
Case I	C_3, C_4	240	10	0	0.805
	C_5	10	250	10	
	C_6, C_7, C_8	0	0	470	
Case II	C_3, C_4	230	20	0	0.721
	C_5	20	230	20	
	C_6, C_7, C_8	0	20	460	

蒸留操作条件と得られた分離度 $\eta(3)$ を表 3-3 に示す．この結果から以下のことが明らかになる．

① 流出液，残留液の液組成変化に敏感に反応する Eq. (3.13) で定義された分離度を用いて蒸留塔の分離性能を評価することは有効である (塔頂から流出すべき成分の塔中への混入率，塔底から流出すべき成分の塔中への混入率がともに 4% 増に，塔中から流出すべき成分の塔頂への混入率が 4% 増に，塔中から流出すべき成分の塔底への混入率が 2% 増に変化するだけで分離度は 12% も低下する (Case I から Case II に変化した場合)．

第4章

乱流現象

4.1 はじめに

　化学装置内では液体・気体の流体が流動しており，その流動状態が装置内で生じるさまざまな現象に大きな影響を与えている．多くの操作は装置内の流動状態が層流ではなくて乱流の下でなされていることを考えると，化学工学にとって乱流に関する知見は極めて重要である．この乱流現象は確率論的に取り扱うことのできる現象の1つであり，情報エントロピーというメガネをかけて見ることにより，未知の部分を明らかにできる可能性がある．

　乱流は"速度や温度などのさまざまな物理量がある明確な統計量を有しながら時間的・空間的にランダムな変動をしながら流れる流動状態"と定義される．そして乱流に関する知見のほとんどは実験によって得られてきた．

　乱流はその発生に基づいて2つに分けられる．
① 壁乱流（円管内とか物体を過ぎる流れのように，固定壁との摩擦力により生じる乱流）
② 自由乱流（流体層間のせん断応力により生じる乱流）

またランダムの程度によって以下の2つに分けられる．
① 擬乱流（時間的・空間的に一定の明確な周期性を示す乱流（Karman渦等））
② 実乱流（時間的・空間的にランダムな挙動を示す乱流（通常のせん断乱流））

さらに研究上で考えられた理想的な3つの乱流がある．
① 一様乱流（乱流統計量が座標軸を平行に移動しても変化しない乱流）
② 等方性乱流（乱流統計量が座標軸を回転・反転しても変化しない乱流）

③ 一様等方性乱流（乱流統計量が座標軸を平行移動・回転・反転しても変化しない乱流）

一般に，乱流場のある点の物理量は時間平均分と変動分に分けて取り扱われる．例えばある点の速度 u は時間 t に対して図 4-1 のような変動を示すが，時間に対する平均速度は以下のように定義される．

$$U = \lim_{T \to \infty} \frac{1}{T} \int_0^T u\, dt$$

したがって瞬間の速度 u は次のように平均分と変動分の和として表される．

$$u = U + u'$$

ここで乱流の運動方程式を考える．密度と粘度が一定のニュートン流体の場合の層流の運動方程式は次の Navier-Stokes の式で表される．

$$\rho\left(\frac{\partial u_i}{\partial t} + u_j \frac{\partial u_i}{\partial x_j}\right) = -\frac{\partial P}{\partial x_i} + \frac{\partial}{\partial x_j}\left(\mu \frac{\partial u_i}{\partial x_j}\right)$$

乱流の場合は，速度等を平均分と変動分に分けて上式に代入し，平均をとって

$$\rho\left(\frac{\partial \overline{U_i}}{\partial t} + \overline{U_j} \frac{\partial \overline{U_i}}{\partial x_j}\right) = -\frac{\partial \overline{P}}{\partial x_i} + \frac{\partial}{\partial x_j}\left(\mu \frac{\partial \overline{U_i}}{\partial x_j} - \rho \overline{u_i' u_j'}\right)$$

のように得ることができる．この乱流の運動方程式と層流の Navier-Stokes の式との違いは，乱流の運動方程式にはレイノルズ応力（乱流応力）と呼ばれる $-\rho \overline{u_i' u_j'}$ が現れることである．乱流の運動方程式はこのレイノルズ応力項という非線形項を含むため解析的には解を求めることができない．層流の Navier-Stokes の式と同様に解いていくためには，レイノルズ応力あるいは変動速度が既知である必要がある．この問題を乗り越えるために従来から 2 つの方法がとられてきた．

① 現象論的方法
② 統計的方法

現象論的方法では，レイノルズ応力が平均速度勾配に比例し，その比例係数を乱流粘度あるいは混合距離と考える．

$$-\rho \overline{u_i' u_j'} = -\rho \varepsilon_{ij}\left(\frac{\partial \overline{U_i}}{\partial x_j} + \frac{\partial \overline{U_j}}{\partial x_i}\right)$$

$$-\rho \overline{u_i' u_j'} = -\rho \ell^2 \left|\frac{\partial \overline{U_i}}{\partial x_j}\right| \frac{\partial \overline{U_i}}{\partial x_j}$$

ここで ε_{ij} が乱流粘度であり，ℓ が混合距離である．前者の考え方は，乱流になることにより粘度が層流のときの μ から乱流粘度分だけ増加するという考え方である．このように考えると，乱流の運動方程式は層流の Navier-Stokes 式と同じレベルになる．しかし乱流粘度は物性ではなく，流動状態に依存する．一方，後者の考え方は，混合距離が気体分子運動論における平均自由行程に対応する．しかし，この混合距離も流動状態に依存しており一定値をとらない．そこで，統計的方法が登場する．乱流場の1点の流体の挙動は周囲の流体の挙動の影響を受けると考え，乱流場の2点の流体の挙動に着目して，次の Karman-Howarth 式が導出される．

$$\frac{\partial}{\partial t}(u'^2 f) - u'^3 \frac{1}{r^4} \frac{\partial}{\partial r}(r^4 k) = 2\nu u'^2 \frac{1}{r^4} \frac{\partial}{\partial r}\left(r^4 \frac{\partial f}{\partial r}\right)$$

ここで f は2点を結ぶ方向の速度の2重相関，k は速度の3重相関であり，r は2点間の距離，u' は速度の二乗平方根である．この Karman-Howarth 式はレイノルズ応力に相当する2重相関を含んでいるが，さらに高次の3重相関を含んでいて解析的には解くことができない．さまざまな大きさの流速変動が重畳する流動場を有する化学装置にとっては乱流構造が重要となる．乱流構造を考えるために，視点を変えて，乱流は異なる大きさの渦が重畳したものと考える．乱流を記述するためには渦は非常に有用な考え方である．そして乱流運動エネルギーがさまざまな大きさの渦／周波数にどのように分布しているかということを示すエネルギースペクトル確率密度分布が注目された．こうして2重相関をフーリエ変換して得られるエネルギースペクトル確率密度分布に関するダイナミック式に到達する．

$$\frac{\partial}{\partial t}E(k,t) = F(k,t) - 2\nu k^2 E(k,t)$$

ここで $E(k,t)$ は3次元エネルギースペクトル確率密度分布関数であり，$F(k,t)$ は3次元エネルギー伝達関数，k は波数である．このダイナミック式と実験結果を比較してみると，カスケードプロセスの概念が生まれる．カスケードプロセスでは，乱流エネルギーは主流から大きな渦へ供給され，そのエネルギーは大きな渦から小さな渦へと連続的に伝達される．この過程では，エネルギーの散逸は小さな渦ほど大きな値をとり，それ以上細分化されない最小の渦が存在

する．この最小渦の大きさには限界がある．つまり，乱流の変動の中には最大の周波数に対応する最小の大きさの変動がある．最小渦は粘性によって決まり，また平均速度の上昇とともに減少する．最大渦の限界は装置の大きさによって決まる．しかし，乱流構造を表すエネルギースペクトル確率密度分布関数は未だ十分に明らかにされていない．装置のスケールアップを考える化学技術者にとっては，同じ乱流構造をもつ装置を作ることが大事であるから，この統計的方法は重要である．

乱流挙動による時間スケールを見いだすにはフーリエ解析が用いられる．周波数スペクトルが得られれば波数スペクトルも求められる（空間スペクトルを時間スペクトルから求めるにはテイラーの仮説を用いる）．波数は乱流の挙動を理論的にとり扱うには都合のよい重要な因子である．kを波数，$E(k)$を波数領域 $0 \leqq k \leqq \infty$ のエネルギースペクトル分布，とすると次式の関係が得られる．

$$u'^2 = \int_0^\infty E(k)dk$$

もし $E(k)$ が異なる装置同士で同じであれば，両装置の乱流構造も同じということになる．

とにかく，乱流現象は確率現象であり，乱流構造を情報エントロピーに基づいて議論できる可能性がある．

● 周波数（frequency）と波数（wavenumber）と渦径 ℓ の関係 ●

波数 k[1/m] は n[1/s] を変動周波数，U[m/s] を時間平均速度とするとき k は n に比例し U に反比例する．また k は空間の単位長さ当たりに存在する渦の個数に相当し，渦径 ℓ の逆数の意味をもつ．

$$k = \frac{2\pi n}{U}$$

$$\ell \propto \frac{1}{k}$$

4.2 速度変動の確率密度分布関数

乱流とは速度・温度などの物理量が時間的空間的に平均値のまわりにランダムな変動をする流動状態である．定常な乱流場における速度の時間変化を記録した例を図4-1に示す．この速度変動 $u(t)$ の強度 u^2 は T を測定対象時間，t を時間，U を時間平均速度とするとき次式

$$u^2 = \frac{1}{T}\int_0^T \{u(t)-U\}^2 dt \tag{4.1}$$

で表され，乱流場の空間の各点ごとに一定値をとる．この強度は速度変動の確率密度分布の分散値の意味をもっている．このような性質をもつ速度変動を情報エントロピーの視点から見てみる．

分散値がある値に定まっている場合に情報エントロピーが最大となる確率密度分布は，1.6節で示したように正規分布である．したがって，もし情報エントロピーが最大となるように速度変動が生じているとするならば，その確率密度分布は正規分布になっているはずである．実際に完全乱流場における速度変動確率密度分布を求めると図4-1に示すように正規分布になっている．このことは一定の速度変動強度をもつ完全乱流場の速度変動は，その確率密度分布

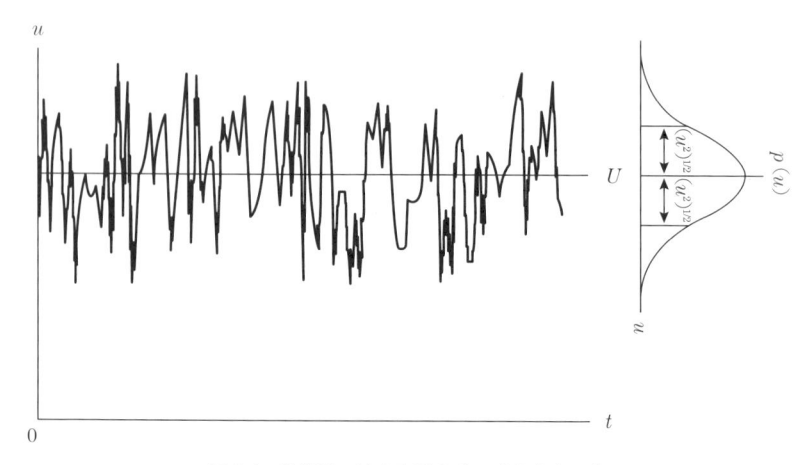

図4-1　乱流場の速度変動とその確率密度分布

が最大の情報エントロピーをとるように生じていると考えてよいことを示している．同様のことは，速度変動以外の物理量の乱流変動についても考えることができると思われ，自然界は情報エントロピーが最大となるように振舞うことの例証でもある．

4.3 エネルギースペクトル確率密度分布関数（ESD関数）

未だに乱流構造を表すエネルギースペクトル確率密度分布関数がどのような関数として表示できるかは解明されておらず，わずかに局所的な波数領域に対してその形が表 4-1 に示すように提案されているだけである．エネルギースペクトル確率密度分布関数は波数を連続変数とする確率密度分布関数である．そこで情報エントロピーのメガネをかけてエネルギースペクトル確率密度分布関数を見直し，乱流の構造に関する新たな知見を探る．

表 4-1 従来の乱流エネルギースペクトル確率密度分布関数

Wavenumber range $E(k) \propto$	Low	Medium	Higher	Highest
	k (Chandrasekhar, 1949), (Rotta, 1950), (Puruman, 1951) k^2 (Birkoff, 1954) k^4 (Loitsansky, 1945)	k (Ogawa (1981)	$k^{-5/3}$ (Kolmogoroff (1970)	k^{-7} (Heisenberg (1948)

●―― エネルギースペクトル（energy spectrum）――●

スペクトル解析というランダムデータ解析方法は，イギリスの物理学者 Arthur Schster が太陽の黒点の 150 年間にわたる変異周期を検討して求めた周期と変動強さの関係をあらわす曲線 periodgraph に遡ることができる．

乱流における速度変動も種々の波長の波の合成であり，フーリエ積分，あるいはフーリエ変換はその数学的表現ということになる．$u'(t)$ を実際の流速変動とすると次の関係が得られる．

$$u'(t) = \frac{1}{2\pi}\int_{-\infty}^{\infty} F(\omega)e^{j\omega t}d\omega = \int_{-\infty}^{\infty} F(\omega)e^{j\omega t}dn \quad (\omega = 2\pi n)$$

エネルギー量 E を考えると，Parseval の定理により次式が導かれる．

$$E = \int_{-\infty}^{\infty} |u'(t)|^2 dt = \frac{1}{2\pi}\int_{-\infty}^{\infty} |F(\omega)|^2 d\omega = \int_{-\infty}^{\infty} |F(\omega)|^2 dn$$

強さ $|F(\omega)|^2$ は $u'(t)$ のエネルギースペクトル，あるいはエネルギスペクトル確率密度分布関数と呼ばれ，周波数 $n(=kU/2\pi)$ が乱流エネルギーへ寄与する割合を意味している．周波数スペクトルと同じように波数スペクトルは空間相関のフーリエ変換によって求められる（テイラーの仮説が適用できるときは，周波数スペクトルから波数スペクトルが求められる）．注目している変数の領域で変動が周期的であったり，その領域以外では0であれば $|F(\omega)|^2$ も限られた値をとるが，注目している変数の領域が無限であるときは単位時間当たりの平均エネルギーが計算されて次式のパワースペクトルが用いられる．

$$S(f) = \lim_{T \to \infty}\left[\frac{1}{T}|F(n)|^2\right]$$

一般にエネルギースペクトル確率密度分布は Wiener-Khintchin の定理に基づいて自己相関関数 $R_{11}(\tau)$ を用いて次のように求められる．

$$|F(\omega)|^2 = \int_{-\infty}^{\infty} R_{11}(\tau)e^{-j\omega\tau}d\tau = \int_{-\infty}^{\infty}\int_{-\infty}^{\infty} u(t)u(t-\tau)e^{-j\omega\tau}d\tau$$

$\omega = 2\pi n$ と $k = 2\pi n/U$ の関係から，$|F(\omega)|^2$ は $E(k)$ に対応することがわかる．

　乱流場は非線形系であり，速度変動として表される渦構造も非線形の影響を大きく受けていると考えることができる．この非線形系の乱流場から1つの変動を取り出したときに，その変動は「どの波数か？」についての不確実さに基づいてエネルギースペクトル確率密度分布関数の表示式を定める．エネルギースペクトル確率密度分布関数の表示式を検討するために，乱流構造に対して次のような仮定および条件を設定する．

1）　乱流場は，基本となる渦群とそれに基づいて次から次へと生じる分数調波の渦群の総計 m 個の渦群から構成されている．
2）　いずれの渦群にも平均の大きさ（平均波数あるいは平均周波数）がそれぞれ存在し，渦群 i の平均波数を K_i とするとき，渦群 $i+1$（渦群 i 群の分数調波の渦群）の平均波数 K_{i+1} とは次の関係がある．

$$\frac{K_{i+1}}{K_i} = \frac{1}{\alpha}$$

3) 各渦群のエネルギースペクトル確率密度分布関数は，それぞれ情報エントロピーが最大値をとる関数形をとる．

4) 渦群 i の乱流運動エネルギー u_i^2 が全乱流運動エネルギー u^2 中に占める割合を P_i とするとき，渦群 $i+1$ の乱流運動エネルギーとは次の関係がある．

$$\frac{P_{i+1}}{P_i} = \frac{1}{\beta}$$

ここでいう渦群とは発生原因を同じにする渦の集合のことである．乱流場の乱流エネルギーの授受に関するカスケードプロセスを考えると，流体ごとに平均周波数最大の渦群すなわち大きさが最小の渦群（基本渦群）は定まっていると考えることができる．

渦群 i のエネルギースペクトル確率密度分布関数である $E_i(k)/u_i^2$ は確率密度分布関数であるから

$$\int_0^\infty \frac{E_i(k)}{u_i^2} dk = 1 \tag{4.2}$$

の性質があり，さらに上記の条件 2) の平均波数 K_i が存在する性質は

$$\int_0^\infty k \frac{E_i(k)}{u_i^2} dk = K_i \tag{4.3}$$

と表される．また渦群 i 群の速度変動から1つの変動を取り出したときに，その変動は「どの波数か？」についての不確実さを示す情報エントロピーは Eq. (1.10) にしたがって次式で表される．

$$H_i(k) = -\int_0^\infty \frac{E_i(k)}{u_i^2} \log \frac{E_i(k)}{u_i^2} dk \tag{4.4}$$

この情報エントロピーが平均値が存在するという条件 2)（Eq. (4.3)）の下で最大値をとる関数 $E_i(k)/u_i^2$ は 1.6 節で示したように

$$\frac{E_i(k)}{u_i^2} = \frac{1}{K_i} \exp\left(-\frac{k}{K_i}\right) \tag{4.5}$$

のときである．したがってこれが渦群 i のエネルギースペクトル確率密度分布

関数ということになる．

条件 4) より，渦群 i の乱流運動エネルギーが全乱流運動エネルギー中に占める割合が P_i であるから，この乱流場のエネルギースペクトル確率密度分布関数はすべての渦群のエネルギースペクトル確率密度分布関数を平均した

$$\frac{E(k)}{u^2} = \frac{1}{u^2}\sum_i^m E_i(k) = \frac{1}{u^2}\sum_i^m \frac{u_i^2}{K_i}\exp\left(-\frac{k}{K_i}\right) = \frac{1}{u^2}\sum_i^m \frac{P_i u^2}{K_i}\exp\left(-\frac{k}{K_i}\right)$$

$$= \frac{1}{K_1 \sum_j^m \left(\frac{1}{\beta}\right)^{j-1}} \sum_j^m \left\{\left(\frac{\alpha}{\beta}\right)^{j-1} \exp\left(-\alpha^{j-1}\frac{k}{K_1}\right)\right\} \qquad (4.6)$$

と表すことができる．ここで K_1 は基本渦群の平均波数である．

さてここで，各渦群の平均波数および乱流運動エネルギーの比 α，β の値が定まればエネルギースペクトル確率密度分布関数は定まることになるが，これらの値を理論的に決定することは難しい．そこで種々の α，β の値の組み合せに対して Eq. (4.6) のエネルギースペクトル確率密度分布関数の値をコンピューターを用いて求め，最も適切な α，β の組合せを探る．α，β の値の組み合せを変え，それぞれの組み合せにおいて渦群数を変化させたときのエネルギースペクトル確率密度分布曲線を求めた結果の例を図 4-2 に示す．これらの結果のなかで，従来のエネルギースペクトル確率密度分布曲線について知られている知見に基づいて，つぎの条件を満たす α，β の値の組合せを最適な組み合わせと定める．

1) コルモゴロフ（Kolmogoroff）の $-5/3$ 乗則があてはまる直線部分が明確にある．
2) 波数 k の増加とともに一様に減少し，かつ分布曲線に変曲点がない．

これらの条件をすべて十分に満足する最適な α，β の値の組み合せは，図 4-2 から明らかなように

$\alpha = 3$

$\beta = 0.5$

である．この組み合せの場合には，渦群数が大きくなるとともにコルモゴロフの $-5/3$ 乗則があてはまる波数領域も次第に大きくなっており，分布曲線にも変曲点がない．α，β の値がこれらの値をとる場合のエネルギースペクトル確率密度分布関数は

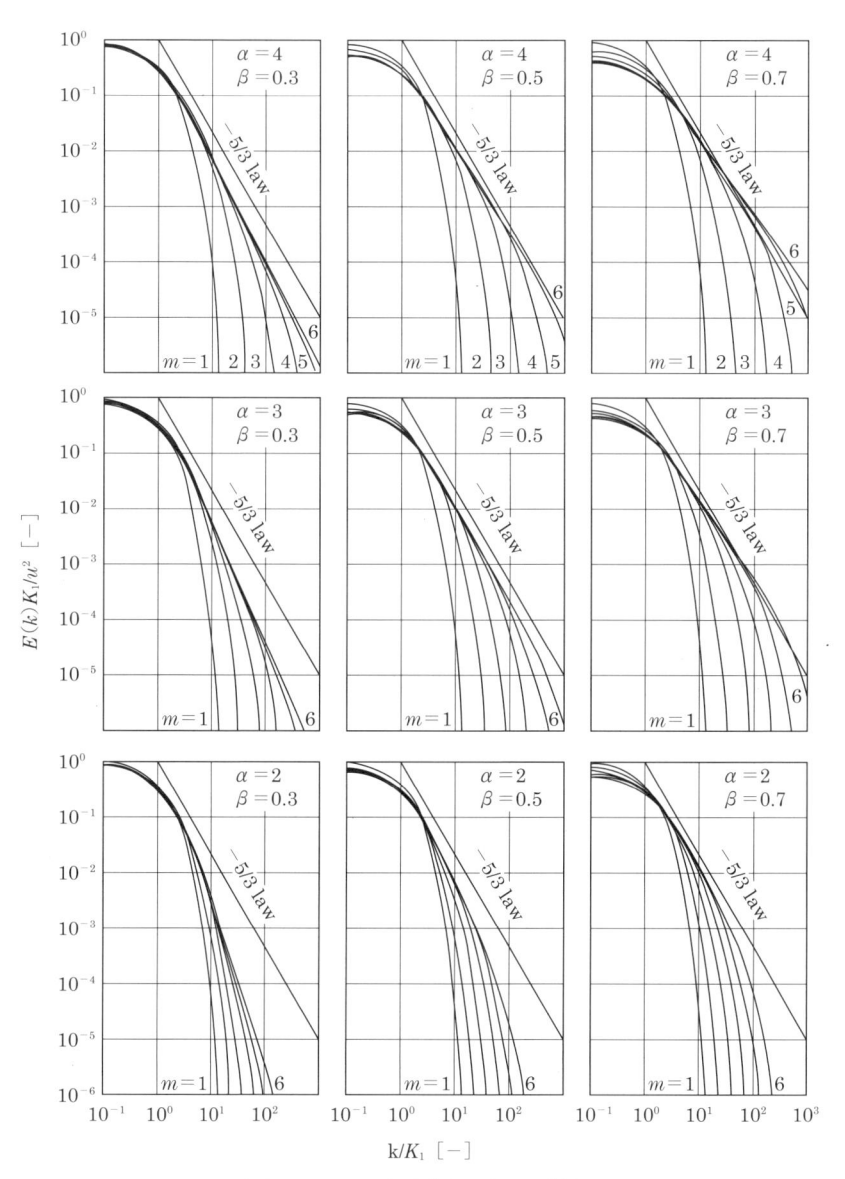

図4-2　α, βの組み合わせとESD曲線
（$K_1=1$としたときのESD）

$$\frac{E(k)}{u^2} = \frac{1}{K_1 \sum_{j}^{m} 2^{j-1}} \sum_{j}^{m} \left\{ 6^{j-1} \exp\left(-3^{j-1} \frac{k}{K_1}\right) \right\} \quad (4.7)$$

と書くことができる．

　以上の結果から，乱流場は，最小の大きさの基本渦群とその1/3倍の波数（空間的大きさで3倍）と2倍の運動エネルギーを有する分数調波の渦群，さらに同じ関係にあるより大きな渦群というように次々と生じる渦群から構成されていることが推測される．渦群の平均波数の比が1/3となる結果は，多くの非線形系の場合の分数調波の周波数比が1/3であることとも一致しており興味深い．

課題4.1　エネルギースペクトル確率密度分布関数新表示式の妥当性は？

○背景と目的
　種々報告されている乱流場のESDの実測結果の代表的な実測結果に対してEq.(4.7)で定義された広い波数領域を対象としたESD関数の適合性を検討する必要がある．

　そこで実際の乱流場のESDをEq.(4.7)で定義されたESD関数でカーブフィティングする．

○シミュレーションと結果の検討
　対象データは図4-3に示す空気および水の円管内乱流，空気のジェット流，空気および水の格子後流におけるESDの実測値と筆者らが実測した攪拌槽内のESDの実測値である．対象とした攪拌槽は後記する図4-4に示す槽内径60mm，180mm，540mmの3種類の4枚バッフル付平底円筒攪拌槽であり，攪拌翼は図2-7(b)に示す6枚平羽根タービン翼である．試験流体はイオン交換水および10wt%グリセリン水溶液であり，電極反応流速測定法を利用するために，3×10^{-3}mole/ℓの$K_4Fe(CN)_6$と$K_3Fe(CN)_6$および5×10^{-1}mole/ℓ1のKCℓを含んでいる．また攪拌Re数は10,000として，流速変動を図4-4に示す翼吐出流領域で測定した．

第 4 章 乱流現象   107

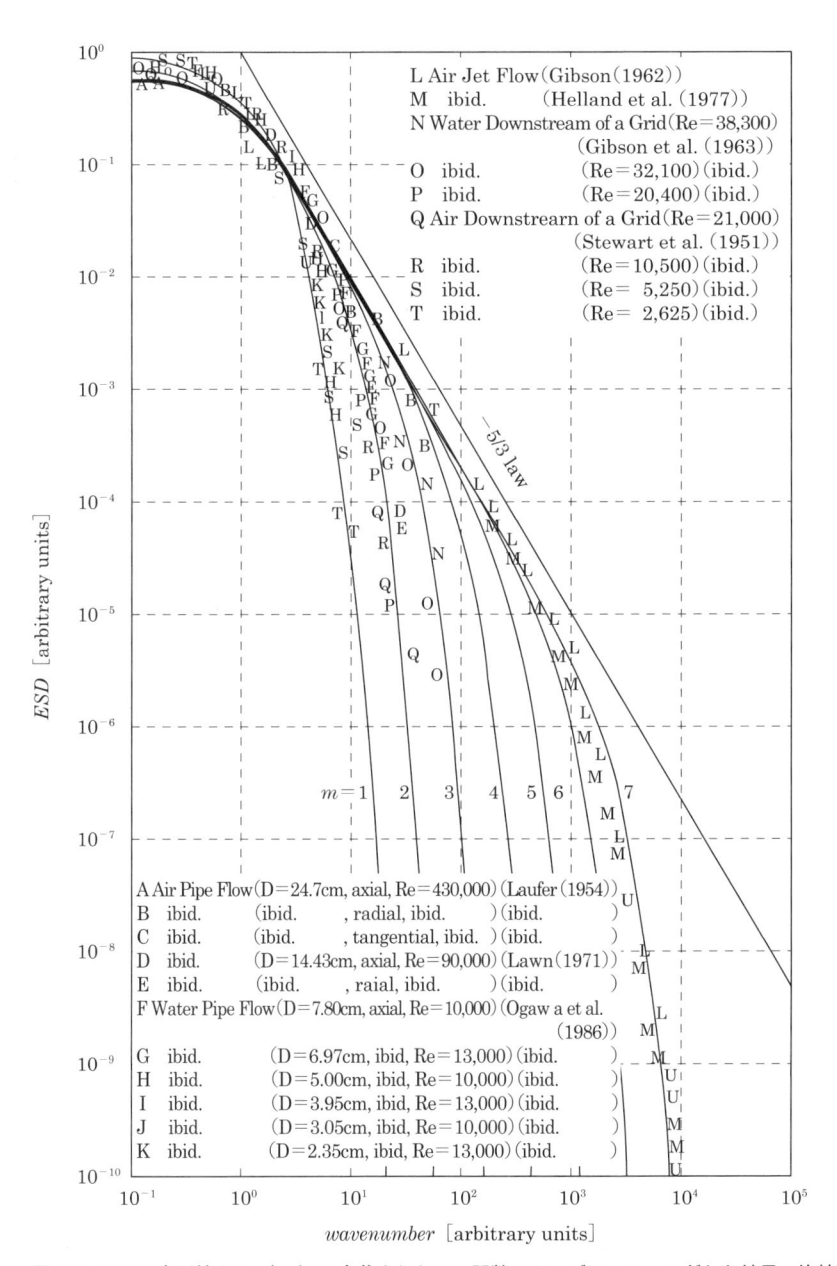

図4-3   ESDの実測値とEq. (4.7)で定義されたESD関数でカーブフィッティングした結果の比較

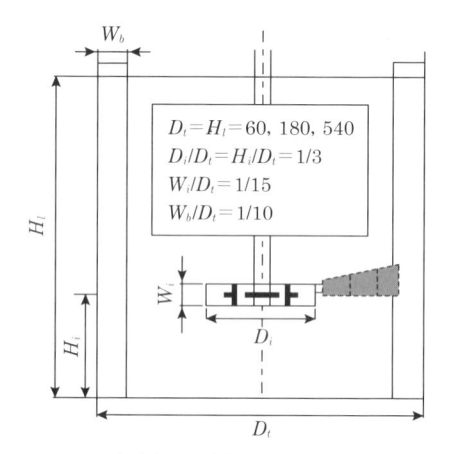

図4-4　流速変動測定位置（翼吐出流領域）

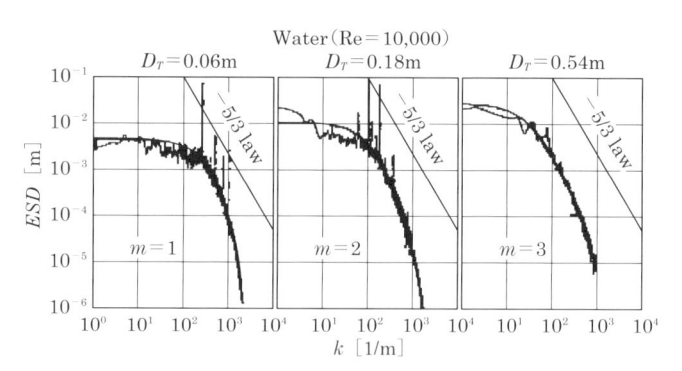

図4-5　撹拌槽吐出流領域のESDと槽内径の関係

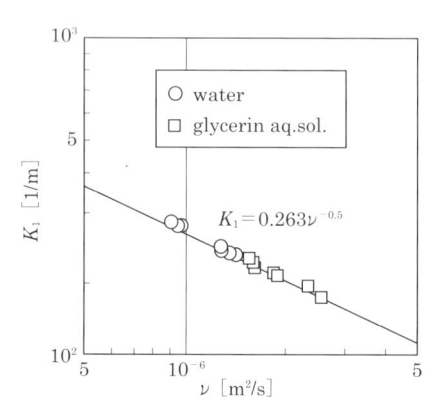

$K_1 = 0.263\nu^{-0.5}$

図4-6　最小渦群の平均波数と動粘性係数の関係

所定の翼回転速度で定常状態で流動していることを確認後，翼吐出流領域で0.6mm の電極反応流速測定用点電極プローブで流速変動を測定し，エネルギースペクトル確率密度分布を求め，新たなエネルギースペクトル確率密度分布関数表示式 Eq. (4.7) でカーブフィティングする．

ESD の実測結果と Eq. (4.7) で表される渦群数 m をパラメーターとする ESD 曲線の比較した結果を図 4-5 に示す．これらの結果から以下のことが明らかになる．

① いずれの ESD の実測値も Eq. (4.7) で十分に表示できる（実測値は渦群数 m のいずれかの値に対応する Eq. (4.7) の ESD 曲線とそれぞれ良好に一致する）．
② 推測されたとおり，攪拌槽の寸法比が 3 倍以上になるごとに渦群数が 1 つずつ増えることが確認できる．
③ グリセリン水溶液を用いても，槽内径と渦群数についてはまったく同じ結果が得られた．最小渦群の平均波数 K_l と動粘性係数 ν の関係について検討すると，図 4-6 に示すように，動粘性係数が小さいほど小さな値となる．

課題 4.2 指数則流体のエネルギースペクトル確率密度分布関数は？

○背景と目的

いままではニュートン流体を対象とした説明をしてきたが，非ニュートン流体の場合のエネルギースペクトル確率密度分布については触れていない．非ニュートン流体といっても種々あるが，指数則流体が最も取り扱いやすい．

指数則流体のレオロジー構成方程式は次式で表される．

$$\tau = A \gamma^n \tag{4.8}$$

非ニュートン流体の場合の乱流構造をニュートン流体の乱流構造と比較する必要があるが，乱流を構成する渦が関与する力関係には差異はないとする．つまり渦が代表単位面積を通して受けとる運動量と渦の代表単位面積に生じるせん断力が比例していると考える．

$$\rho u^2 \propto \tau \tag{4.9}$$

この関係は，ニュートン流体の場合は添字 N，指数則流体の場合は添字 P をつけることにすると，渦の代表速度を u，代表径を ℓ として次式で表される．

$$\text{ニュートン流体：} \rho_N u_N^2 \propto \mu_N \frac{du_N}{dr} \propto \mu_N \frac{u_N}{\ell} \tag{4.10}$$

$$\text{指数則流体：} \rho_P u_P^2 \propto \mu_P \left(\frac{du_P}{dr}\right)^n \propto \mu_P \left(\frac{u_P}{\ell}\right)^n \tag{4.11}$$

ここで密度 ρ も粘度 μ も流体の物性で一定であり，また $\ell \propto 1/k$ と考えてよいから

$$\text{ニュートン流体：} u_N^2 \propto k^2 \tag{4.12}$$

$$\text{指数則流体：} u_P^2 \propto k^{\frac{2n}{2-n}} \tag{4.13}$$

となる．したがってニュートン流体の場合の運動エネルギーと指数則流体の場合の運動エネルギーの間には次の関係式があることがわかる．

$$\frac{u_P^2}{u_N^2} \propto k^{\frac{4(n-1)}{2-n}} \tag{4.14}$$

エネルギースペクトル確率密度分布関数における u^2 が上記の u_N^2 に対応するから，Eq. (4.7) に Eq. (4.14) を代入すると最終的に次式が得られる．

$$\frac{E(k)}{u_P^2} = \frac{1}{K_1 \sum_j^m 2^{j-1}} \sum_j^m \left\{ 6^{j-1} \exp\left(-3^{j-1} \frac{k}{K_1}\right) \right\} \left(Bk^{\frac{4(n-1)}{2-n}} \right) \tag{4.15}$$

ここで B はエネルギースペクトル確率密度分布関数として規格化するための係数である．この Eq. (4.15) が指数則流体の場合のエネルギースペクトル確率密度分布関数ということになる．

なお，まったく同じ結論はエネルギーを考えても導出できる．すなわち，渦の代表単位面積を通して受け取るエネルギーと渦の代表単位面積で粘性によって失うエネルギーが比例すると考えると次式が成立する．

$$u \frac{1}{2} \rho u^2 \propto u\tau \tag{4.16}$$

この Eq. (4.16) は Eq. (4.9) と同等である．

したがって実験によって，ESD が Eq. (4.21) でどの程度表示できるのかを明確にする必要がある．

○実験と結果の検討

対象とする撹拌槽は図4-4に示す槽内径180mmの4枚バッフル付平底円筒撹拌槽であり，撹拌翼は図2-4(b)に示す6枚平羽根タービン翼である．試験流体は0.2～0.9wt%CMC水溶液であり，電極反応流速測定法を利用するために，$3×10^{-3}$mole/ℓ の$K_4Fe(CN)_6$と$K_3Fe(CN)_6$および$5×10^{-1}$mole/ℓ のKCℓを含む．この流体は$\rho_P=1.0g/cm^3$でありレオロジー構成方程式は$\tau=A\gamma^n$で表示した場合$n=0.999$～0.817，$A=0.0029$～0.1032で変化し，0.6wt%CMC水溶液の場合は$\tau=A\gamma^n=0.0283\gamma^{0.891}$で（図4-7）ある．撹拌Re数は5,000とし，流速変動は図4-4に示す翼吐出流領域で測定した．

撹拌Re数が5,000になるように翼回転速度を設定して，定常状態で流動していることを確認後，翼吐出流領域で0.5mmの電極反応流速測定用点電極プローブで流速変動を測定し，ESDを求め，Eq.(4.21)で定義されたESD関数でカーブフィティングする．実測された0.6wt%CMC水溶液の場合のESDの結果とEq.(4.21)で表される渦群数をパラメーターとしたESD曲線を比較した結果が図4-8である．この結果から以下のことが明らかになる．

① 指数則流体の場合も良好にEq.(4.21)でカーブ

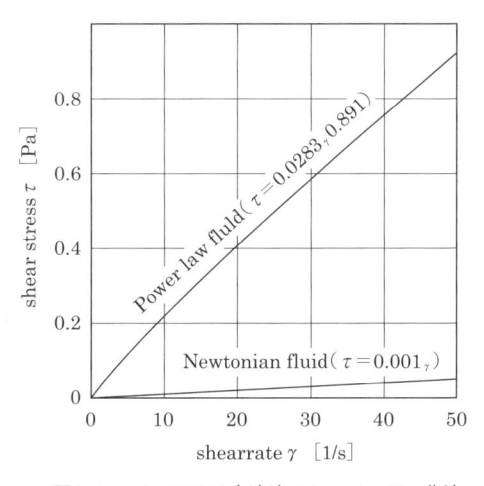

図4-7　0.6wt%CMC水溶液のレオロジー曲線

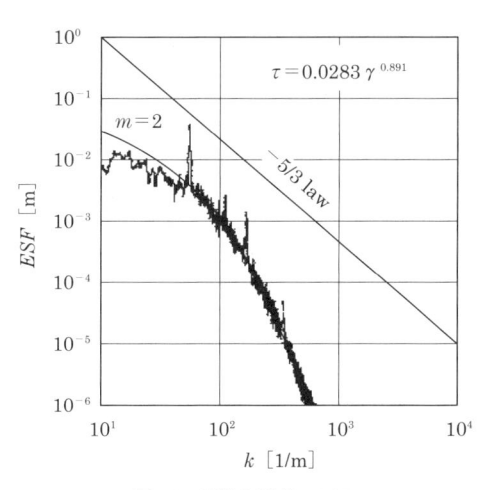

図4-8　指数則流体のESD

フィッティングできる．他の濃度の CMC 水溶液の場合も同様である．

> **課題4.3** エネルギースペクトル確率密度分布関数新表示式に基づいた乱流拡散の知見は？

○背景と目的

Eq. (4.7) の乱流場のエネルギースペクトル確率密度分布関数表示式が成立するときには乱流拡散についてどのような知見が得られるかを検討する必要がある．

○理論的展開と結果の検討

Eq. (4.7) で表されるエネルギースペクトル確率密度分布関数は，周波数 n を用いると $k=2\pi n/U$ の関係から

$$E(n)=\sum_{i}^{m}\frac{P_i u^2}{N_i}\exp\left(-\frac{n}{N_i}\right) \tag{4.17}$$

と書くことができる．この式を Wiener-Khintchin の定理に基づいてフーリエ変換すると

$$R(t)=\frac{1}{u^2}\int_0^\infty E(n)\cos(2\pi nt)dn=\sum_i^m\frac{P_i}{1+(2\pi N_i t)^2} \tag{4.18}$$

と二重相関が求められる．この二重相関を時間 t について 0 から ∞ まで積分すればマクロタイムスケール T_0 が求められる．

$$T_0=\int_0^\infty R(t)dt=\frac{1}{4}\sum_i^m\frac{P_i}{N_i} \tag{4.19}$$

またこの二重相関は $t\to 0$ の場合は

$$R(t)\cong 1-(2\pi)^2\sum_i^m P_i N_i^2 t^2 \tag{4.20}$$

となり2次曲線で表されることがわかる．さらにこの式に基づいて，ミクロタイムスケール τ_0 が求められる．

$$\tau_0=\frac{1}{2\pi\left(\sum_i^m P_i N_i^2\right)^{1/2}} \tag{4.21}$$

これらの式から明らかなように，マクロタイムスケール，ミクロタイムスケールのいずれにも周波数の小さな，つまり空間的大きさの大きな渦群の方が小さな渦群より強い影響を与えていることがわかる．

なお，Eq. (4.19)，Eq. (4.21)で示されるスケールは時間スケールであるが，それぞれの時間スケールに乱流場の時間平均速度Uを乗じることにより空間スケールに置き換えることができる．

$$\Lambda_0 = T_0 U = \frac{U}{4} \sum_i^m \frac{P_i}{N_i} \tag{4.22}$$

$$\lambda_0 = \tau_0 U = \frac{U}{2\pi \left(\sum_i^m P_i N_i^2\right)^{1/2}} \tag{4.23}$$

ここで二重相関$R(t)$がラグランジュの二重相関$R_L(t)$とほぼ等しく，u^2もラグランジュの乱流運動エネルギーu_L^2とほぼ等しいと仮定すると，乱流拡散による拡がりの程度を示す分散値は

$$\begin{aligned}\sigma^2 &= 2u_L^2 \int_0^\tau (\tau-t) R_L(t) dt = 2u^2 \int_0^{\tau\infty} \sum_i^m \frac{(\tau-t) P_i}{1+(2\pi N_i t)^2} dt \\ &= u^2 \sum_i^m \frac{P_i}{\gamma_i} \{-\log(\gamma_i \tau^2+1) + 2(\gamma_i \tau)^{1/2} \arctan(\gamma_i \tau)^{1/2}\}\end{aligned} \tag{4.24}$$

と表される．ここで$\gamma_i = (2\pi)^2 N_i^2$である．この式から分散値にも周波数の小さな，つまり空間的大きさの大きな渦群の方が小さな渦群より強い影響を与えていることがわかる．またこの分散値は

$$\tau \to 0 \text{ の場合：} \sigma^2 \cong u^2 \tau^2 \tag{4.25(a)}$$

$$t \to \infty \text{ の場合：} \sigma^2 \cong u^2 \sum_i^m \frac{P_i}{\gamma_i} \{-2\log\tau + \pi(\gamma_i \tau)^{1/2}\} \cong u^2 \pi \sum_i^m \frac{P_i}{\sqrt{\gamma_i}} \tau \tag{4.25(b)}$$

となる．これらの結果から以下のことが明らかになる．

① いずれの場合も分散値，すなわち乱流拡散による拡がりの程度と時間との関係は，従来から言われている関係と一致する．

> ● **Lagrangean の方法と Euler の方法** ●
> Lagrangean の方法：流体粒子と流体を質点子と質点子の系として，各流体粒子の挙動を時間 t と空間座標（例えば x, y, z）で記述する方法．
> Euler の方法：任意の時間 t の空間座標（例えば x, y, z）における速度，圧力，密度などの流体の性状を検討する方法．x, y, z, t は独立変数で速度，圧力，密度等が従属変数．

4.4 スケールアップ

　一般に，実装置とモデル装置で同じ現象を生起するためには流動の構造が同じである必要があることから，装置のスケールアップは実装置の ESD とモデル装置の ESD が一致したときに完全に達成されると考えられている．前節で乱流場が基本渦群とその 1/3 倍の波数（空間的大きさで 3 倍）と 2 倍の運動エネルギーを有する分数調波の渦群，さらに同じ関係にあるより大きな渦群というように次々と生じる渦群から構成されていると考えてよいことを明らかにした．

> 課題 4.4　基本的スケールアップ則は？

　分数調波が無限に生じるわけではなく装置の大きさ以上の分数調波は生じない[14] はずで，装置の大きさと渦群数との間には何等かの関係があるはずである．上記の渦群の関係からは，装置をスケールアップするときモデル装置より実装置の寸法比を 3 倍以上大きくすると，実装置では新たな分数調波の渦群が生じてモデルの装置のときより多い渦群数となり，両装置のエネルギースペクトル確率密度分布関数は一致しなくなる．このことは，エネルギースペクトル確率密度分布関数を等しくしてスケールアップできる限度は 1 次元で最大 3 倍，3 次元すなわち体積で考えると最大 $3^3=27$ 倍であることが推測できる．しかし，注目する波数領域の ESD 曲線が重複する場合はこの限りではない．

第4章　乱流現象　115

課題 4.5　既往の攪拌槽のスケールアップ則の信頼性は？

○背景と目的

　従来から広く利用されてきているスケールアップ則はそれぞれ，非反応性均質流体の単純混合をはじめとして多くの現象を対象とするスケールアップに有用であるとされてきた．しかし従来のスケールアップ則のほとんどは，その物理的信頼性はまったく議論されていない経験則である．したがって Eq. (4.7) で定義されたエネルギースペクトル確率密度分布関数の視点から，従来の代表的スケールアップ則を検討してみる必要がある．

　そこで従来の代表的スケールアップ則の信頼性を Eq. (4.7) で定義された ESD 関数に基づいて情報エントロピーの視点から評価する．

○シミュレーションと結果の検討

　対象スケールアップ則を表 4-2. に示す．これらのスケールアップ則で使用されている翼回転速度 N は翼先端速度 U_T ($=ND$ ここで D は翼径) が乱流速度変動の分散値，すなわち乱流運動エネルギー u^2 に比例することが明らかにされている (図 4-9) ことから，ND は u^2 と D で書き換えることができる．(図 4-7 は電極反応流速計 (径 0.6mm の白金電極プローブと径 0.3mm の白金点電極を表面に配置した径 10mm の三次元流速測定用電極プローブ) を翼吐出流領域で測定した結果．)．

　攪拌槽の寸法比が3倍以上になるごとに渦群数が1つずつ増えることを仮定し，スケールアップ則にしたがって乱流運動エネルギーを算出して ESD 曲線を求めた．得られた渦群数と ESD 曲線の関係から，信頼性判定基準に基づいてスケールアップ則の評価を行う．ここで信頼性判定基準は以下のように設定した．すなわち各分布曲線間に重複する波数領域がある場合は，その波数領域が対象とする現象に重要な影響を与えるときに，そのスケールアップ則は物理的信頼性があると判断する (スケールアップ比が 1/3 以下であればスケールアップ前後で ESD 曲線に変化がないことになり，前述のように u^2 を一定に保つことでスケールアップが十分達成できることになる)．各スケールアップ則にしたがって u^2 を変化させて渦群数 $m=1$ の場合の u_1^2 を基準とする ESD 曲線

($m=i$ の結果は装置の大きさを $m=1$ の場合の 3^{i-1} 倍にしたときの結果）を図 4-10 に示す．この結果から以下のことがわかる．

① $ND^0=$ 一定

この条件は $u_i^2 D^{-2}=$ 一定にすることに相当する．ESD 曲線はどの波数領域でも重複していない．したがってこのスケールアップ則の信頼性はないことになる．

② $ND^{2/3}=$ 一定

この条件は $u^2 D^{-2/3}=$ 一定にすることに相当する．コルモゴロフの $-5/3$ 乗則が成立する波数より高波数領域ではすべての ESD 曲線は一致しており，$m≧2$ ではこの傾向は顕著である．一方，低波数領域では ESD 曲線は重複していない．この結果は，コルモゴロフの $-5/3$ 乗則が成立する高波数領，すなわち空間的大きさが小さい渦が支配的になる現象をスケールアップ対象とするときにはこのスケールアップ則が信頼できることを示している．

表 4-2　攪拌槽のスケールアップ則

$ND^X=$const. Value of X	$u^2D^Y=$const. Value of Y	Rules	Processes
0	-2	Const. impeller revolutional speed Const. circulation time Const. impeller discharge flow rate per unit vessel volume	Fast reaction
2/3	$-2/3$	Const. (power) dissipation energy per unit vessel volume Const. impeller discharge flow energy	Turbulent dispersion Gas-liquid operation Reaction requiring microscale mixing
1	0	Const. impeller tip speed Const. torque per unit vessel volume	
2	2	Const. Reynolds number Const. impeller discharge flow momentum Const. torque per unit discharge flow rate	

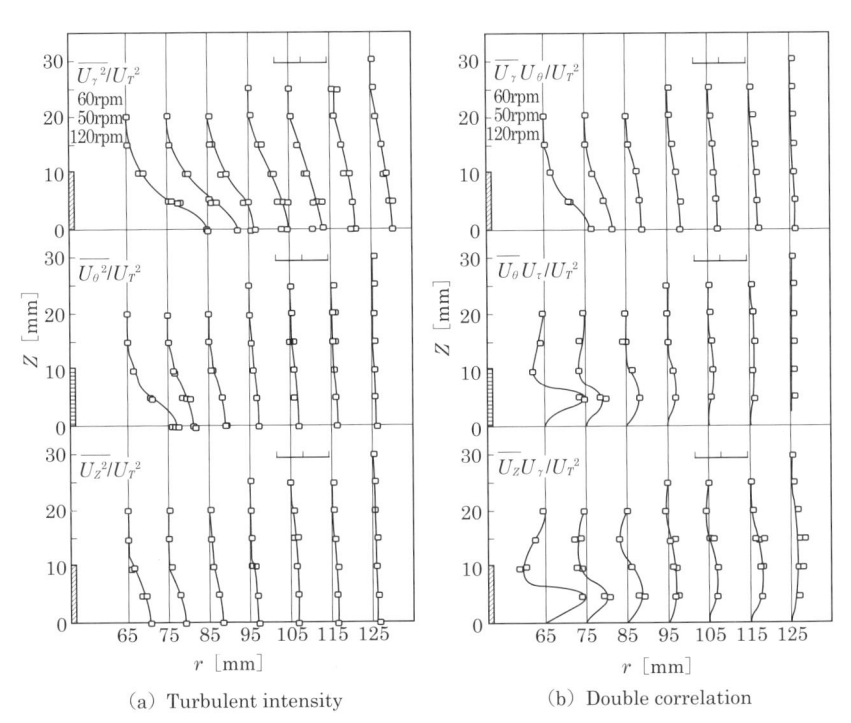

(a) Turbulent intensity　　　　(b) Double correlation

図4-9　攪拌槽吐出流領域の速度二重相関
(U_T：翼先端速度)

③　$ND=$一定

　　この条件は$u^2D^0=$一定にすることに相当する．どのESD曲線も互いに一点の波数で交差しているだけである．したがってこのスケールアップ則の信頼性は乏しい．

④　$ND^2=$一定

　　この条件は$u^2D^2=$一定にすることに相当する．ESD曲線はどの波数領域でも重複しておらず，したがってこのスケールアップ則の信頼性はない．

⑤　$ND^{3/2}=$一定

　　この条件は表にはなく，$u^2D^1=$一定にすることに相当する．ESD曲線は高波数領域では重複していないが，低波数領域ではどのESD曲線もほぼ一致していることから，低波数領域，すなわち空間的大きさが大きい渦

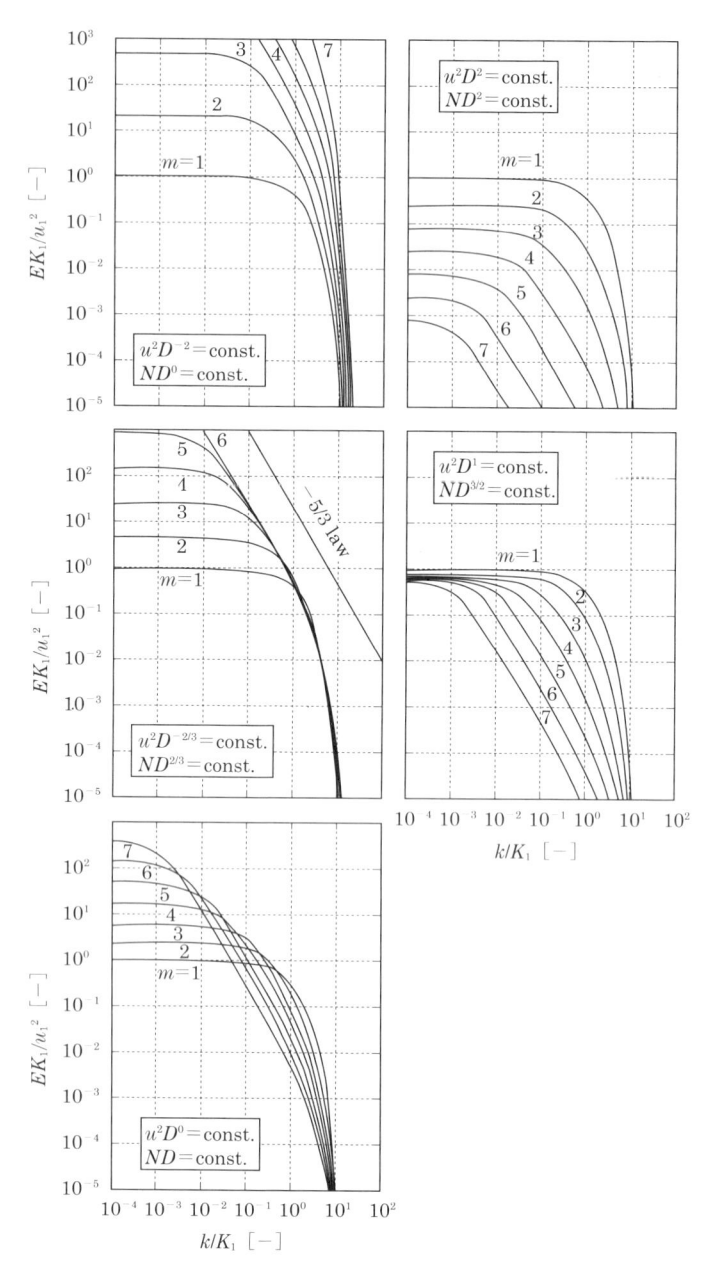

図4-10 ESD曲線とスケールアップ則

が支配的となる現象をスケールアップ対象とするときには，このスケールアップ則が信頼できる．

課題 4.6　円管のスケールアップ則は？

○背景と目的
　化学装置というよりも配管としての位置づけが大きい円管ではあるが，インラインミキシングやインライン反応などが必要とされ注目されてきている．しかしながら円管のスケールアップ則は皆無である．したがって，円管のスケールアップ則，すなわち管内径と円管内乱流のESD曲線を表す渦群数との関係を明確にする必要がある．

　そこで円管内完全乱流場のESD曲線をEq. (4.7) で定義されたESD関数に基づいて表示するときの渦群数と管内径との関係，すなわち円管のスケールアップ則をシミュレーションにより明らかにする．

○シミュレーションと結果の検討
　対象としたESDを図4-11に示す（空気および水の円管円乱流について実測された既往の結果（拡散律速の電極反応流速計によって測定したエネルギースペクトル密度分布の結果を含む））．

　管内径の寸法比が3倍以上になる，ごとに渦群数が1つずつ増えることを仮定し，実測されたESDにフィットするEq. (4.7) で定義されたESD曲線の渦群数を求める．得られた渦群数と管内径の関係から，流体ごとに基本渦群の平均波数などを決定する．管径と渦群数との関係を図4-12に示す．使用流体である水と空気についての各基本渦群の平均波数は以下のようになる．

　　　$K_{1W} = 1.40 \text{cm}^{-1}$
　　　$K_{1A} = 5.70 \text{cm}^{-1}$

　各基本渦群の平均波数に対応する空間スケールを求め，それを基準に得られる渦群数と管径の関係を表4-3に示す．この表が水，空気を使用流体とする場合の円管のスケールアップの基準を示していることになる．これらの結果から以下のことが明らかになる．

表 4-3 円管のスケールアップ

m	water			air		
1	0	$<D\leq$	6.6 cm	0	$<D\leq$	1.62 cm
2	6.6	$<D\leq$	19.8	1.62	$<D\leq$	4.86
3	19.8	$<D\leq$	59.4	4.86	$<D\leq$	14.6
4	59.4	$<D\leq$	178	14.6	$<D\leq$	43.8
5	178	$<D\leq$	535	43.8	$<D\leq$	131
6	535	$<D\leq$	1604	131	$<D\leq$	394

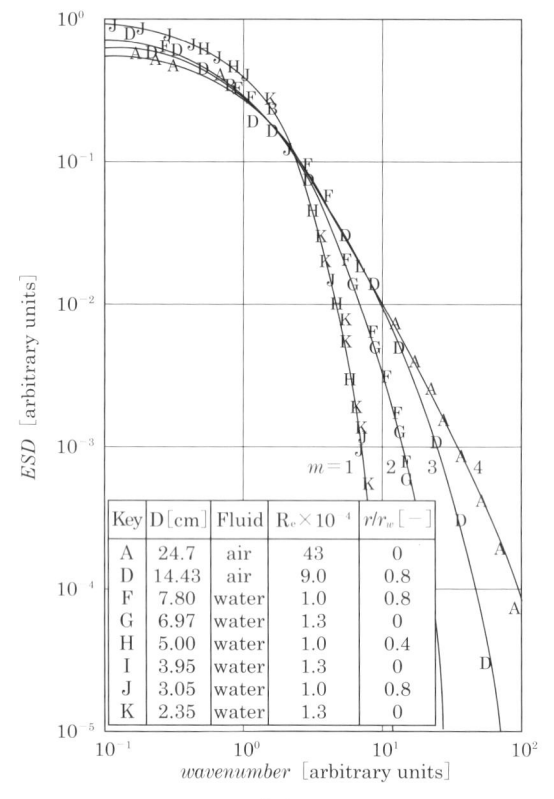

Key	D [cm]	Fluid	$R_e \times 10^{-4}$	r/r_w [-]
A	24.7	air	43	0
D	14.43	air	9.0	0.8
F	7.80	water	1.0	0.8
G	6.97	water	1.3	0
H	5.00	water	1.0	0.4
I	3.95	water	1.3	0
J	3.05	water	1.0	0.8
K	2.35	water	1.3	0

図 4-11 円管内乱流のESD

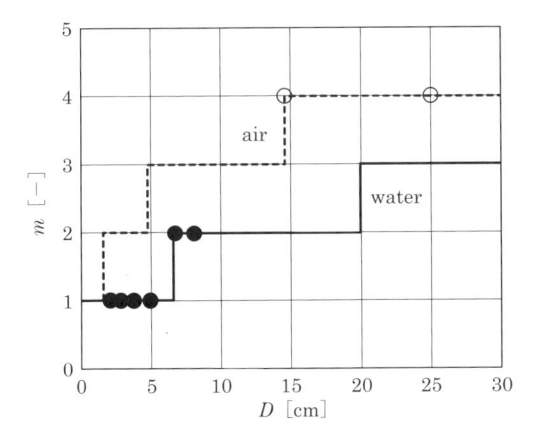

図4-12 円管内乱流の渦群数と管内径の関係

① 円管の場合も，渦群数は平均波数から予想される空間スケールの大きさと密接に関係しており，寸法比を3倍以上大きくすると新たな分数調波の渦群が生じて渦群数が増え，ESDが一致しなくなる（このことは前述のスケールアップに関する予想が正しいことを示唆している）．
② 使用流体である水と空気についての各基本渦群の平均波数は
   $K_{1W} = 1.40 \mathrm{cm}^{-1}$
   $K_{1A} = 5.70 \mathrm{cm}^{-1}$
③ 平均波数と空間スケールである管径とは対応して考えることができ，管径と渦群数の関係は基本渦群の空間スケールから導出でき，その結果は表4-3のようになる．この関係が円管に関するスケールアップ則ということになる．

第5章

細粒子化操作で生じる粒子径分布

5.1 はじめに

　実際的な化学装置内では連続相としての流体ばかりでなく分散相としての液滴，気泡，結晶などさまざまな形態の粉粒体を扱うことが少なくない．混合操作においては，分散相の粒子が非常に重要である．攪拌翼を用いた液―液混合の第1の目的は細かい液滴を槽内に分散させることである．液滴の分散状態は操作条件と密接に関係するため，液滴径分布を知ることは不可欠である．液―液混合のように2相を接触させて行う物質移動を明らかにするためには分散相の粒子径分布を明らかにすることが不可欠である．

　実際の粒子径分布を表すための分布関数式がいくつかある．最も広く利用されている関数式は Rosin-Rammler 確率密度分布関数である．粉砕生成物，粉塵は粒子径が広い範囲であるため Rosin-Rammler 確率密度分布関数で表示できる．この関数は対数正規確率密度分布関数で表示するには粒子径の範囲が狭すぎる場合に適用される．一方，晶析操作における結晶は十分にこの対数正規確率密度分布関数で表示できる．Rosin-Rammler 確率密度分布関数と対数正規確率密度分布関数に加えて正規確率密度分布関数が代表的な粒子径確率密度分布関数である．液―液混合による液滴，液―気混合における気泡は正規確率密度分布関数で表されるといわれている．液―気ジェット混合における気泡は鋭い正規確率密度分布関数で表される．対数正規確率密度分布関数は自然界で生じる粉粒体，粉砕製成物をはじめすべての実際的な操作で生じる粒子を表せるといわれる．液―気混合，気泡塔における粒子は対数正規確率密度分布を示す．以上のように系が一定でも粒子径分布の表示関数は一定ではない．しか

しながら，これらの粒子径確率密度分布関数は単にデータをカーブフィティングするための関数に過ぎず，その関数が適切であることを説明できる物理的背景・意味は何もない．この点が従来の関数の最大の欠点である．

さらに，以下のような不都合も生じる．ある操作条件下における粒子径分布表示関数と他の操作条件下での粒子径分布表示関数が異なった場合には，フィッティング因子と操作条件との関係を得ることができず，目的とする粒子径分布を得るための操作条件を定めることができなくなる可能性があることである．したがって，すべての粒子径分布を表示できる一般的な粒子径確率密度分布関数を定義することが必要不可欠である．上記の従来の関数はこの条件を満たしていない．

もちろん求められる関数は従来の関数より優れている必要がある．粒子が生成されるプロセスを考えると，粒子径分布は確率論的に考える必要がある．本章では，あらためて情報エントロピーというメガネをかけて粉粒体を見直し，適切な粒子径確率密度分布関数を導出する．

● 粒子径についての確率分布関数と確率密度分布関数 ●

篩下あるいは篩上の粒子の割合を重量，体積，数等をパーセンテージで表し粒子径に対してプロットしたものが粒子径確率分布関数である．この確率分布を粒子径に対して微分をとったものが確率密度分布関数である．

5.2 粒子径確率密度分布関数（PSD関数）

液―液撹拌操作における液滴，液―気撹拌操作における気泡は，撹拌翼やバッフルとの衝突あるいは流体のせん断などによる外部からの力／エネルギーと，液滴や気泡の表面に作用する表面張力などの内部の力／エネルギーより大きくなると分裂することになる．また，液滴と液滴，あるいは気泡と気泡が接触したときに内部の力／エネルギーのバランスの結果として合一することもある．晶析操作における結晶の粒子径を支配する因子としては結晶の成長速度が最重要であり，その成長速度は温度，濃度，pH，などさまざまな因子によって影響を受ける．しかしここでは，1次核が撹拌翼などとの衝突や流体のせん断

によって細分化されて生じる 2 次核が，そのままその粒子径分布の形状を変えることなく成長していくと考える．このように，最終的な結晶の粒子径分布の形状は 2 次核の粒子径分布と相似になると仮定すれば，結晶の粒子径分布も外部からの力／エネルギーが，結晶の分子間力などの内部の力／エネルギーより大きくなると分裂する過程に基づいて考えることができ，上記の液滴や気泡の場合と同様に考えることができる．2 次核が成長過程で攪拌翼などとの衝突で細分化されることがあるが差し支えない．さらに，粉砕操作でできる砕製物も，ハンマーなどによる外部からの力／エネルギーが分子間力のような砕料の内部の力／エネルギーよりも大きくなることによって砕かれて生じると考えられる．ここでは上記のような外部からの力／エネルギーと内部の力／エネルギーとのバランスで生じる液滴径分布，気泡径分布，結晶粒子径分布，砕製物粒子径分布等を対象として考える．なお以下では，液滴，気泡，結晶，砕製物等をまとめて粒子と呼ぶことにする．

（1） 粒子径確率密度分布関数（PSD 関数）における変数

以上の考えに基づくと，攪拌翼などによる外部からの力 F_O が，粒子を維持する内部の力 F_I と平衡した粒子が細分化される粒子の限界粒子ということになり，この限界粒子について次式が成立する．

$$F_O S = F_I \ell \quad \text{or} \quad F_O V = F_I S \tag{5.1}$$

ここで ℓ は粒子径，S は粒子の表面積，V は粒子の体積である．粒子を維持する力 F_I は物質／系による一定値をとり，攪拌翼回転速度などの運転操作の違いは外部からの力 F_O にのみ現れる．

$$F_O = \frac{\ell}{S} F_I \quad \text{or} \quad F_O = \frac{S}{V} F_I \tag{5.2}$$

したがって臨界粒子の大きさを表す因子としては ℓ/S あるいは S/V（比表面積）が適切であることになる．

ここで ℓ/S も S/V も $1/\ell$ に比例すると考えてよいから次式の関係が得られる．

$$F_O \propto \frac{1}{\ell} F_I \tag{5.3}$$

このことから粒子径分布を検討する場合の変数としては，粒子径 ℓ そのもの

ではなく，比表面積に相当する$1/\ell$とすべきであることがわかる．すなわち，粒子径分布を与える確率密度分布関数としては変数を$1/\ell$とする関数$q_o{}^*(1/\ell)$を対象とすることになる．

（2） 粒子径確率密度分布関数（PSD関数）

粒子径確率密度分布関数$q_o{}^*(1/\ell)$は確率密度分布関数であるから次の規格化条件を満たす．

$$\int_0^\infty q_o{}^*(1/\ell)d(1/\ell)=1 \tag{5.4}$$

このPSDを情報エントロピーの視点から考え，粒子群から1つの粒子をとり出したときに，その粒子が「どの大きさの粒子か？」についての不確実さに基づいてPSDを表示する方法について示す．この不確実さを表す情報エントロピーは次式で表される．

$$H(1/\ell)=-\int_0^\infty q_o{}^*(1/\ell)\log q_o{}^*(1/\ell)d(1/\ell) \tag{5.5}$$

PSDを検討するために条件を次のように設定する．

1) 確率密度分布関数$q_o{}^*(1/\ell)$は情報エントロピーが最大の値をとる関数形をとる．
2) 変数$1/\ell$に平均値$1/L$が存在する．

$$\int_0^\infty (1/\ell)q_o{}^*(1/\ell)d(1/\ell)=1/L \tag{5.6}$$

この仮定に基づくと，1.6節で示したように，その確率密度分布関数$q_o{}^*(1/\ell)$は変分法を用いて次式で表される．

$$q_o{}^*(1/\ell)=\frac{1}{1/L}\exp\left(-\frac{1/\ell}{1/L}\right) \tag{5.7}$$

ここで変数$1/\ell$を一般的なℓに置き換えると

$$q_o(\ell)=L\exp\left(-\frac{L}{\ell}\right) \tag{5.8}$$

となり，この$q_o(\ell)$が液滴，気泡，結晶および砕製物のオリジナルPSD関数ということになる．

さて，Eq. (5.8)にしたがうと

$$\lim_{\ell \to 0} q_o(\ell) = 0$$
$$\lim_{\ell \to \infty} q_o(\ell) = L$$

となる．しかしどのように大きな粒子でも常に実現できることは考えにくい．径の大きな粒子ほど攪拌翼などとの衝突，あるいは流体のせん断など外部からの影響を受けやすいし，また径の小さな粒子は主流に乗りやすく外部からの影響を受けにくい．以上のことから，径の大きな粒子ほど実現しにくく，径の小さな粒子ほど実現しやすいことが予想される．

この粒子の実現確率 P は，粒子が外部からの力／エネルギーを直接受ける粒子表面の大きさなどの因子 Q と大きく関わると考え，実現確率 P を Q の関数と考え $P(Q)$ とおく．$P(Q)$ は粒子径が小さいとき，すなわち Q が小さいとき 1 に近い値をとり，逆に粒子径が大きいほど，すなわち Q が大きいほど 0 に漸近した値をとると仮定する．実現確率関数 $P(Q)$ を決定するために，$P(Q)$ を Q で微分した確率密度分布関数 $p(Q)$ を考える．

$$p(Q) = -\frac{dP(Q)}{dQ} \tag{5.9}$$

$p(Q)$ は確率密度分布関数であるから次の規格化条件を満足する．

$$\int_0^\infty p(Q) dQ = 1 \tag{5.10}$$

この $p(Q)$ を再び情報エントロピーの視点から考え，因子の中からある値をとり出したときにその値は「どの大きさか？」についての不確実さに基づいて確率密度分布関数 $p(Q)$ を表示することにする．この不確実さを表す情報エントロピーは次式で表される．

$$H = -\int_0^\infty p(Q) \log p(Q) dQ \tag{5.11}$$

ここで因子 $p(Q)$ を検討するために，条件を次のように設定する．

1） 確率密度分布関数 $p(Q)$ は情報エントロピーが最大の値をとる関数形をとる．
2） 変数 Q には平均値 Q_A が存在する．

$$\int_0^\infty Q p(Q) dQ = Q_A \tag{5.12}$$

この仮定に基づくと，1.6節で示したように，その確率密度分布関数 $p(Q)$ は変分法を用いて次式で表される．

$$p(Q)=\frac{1}{Q_A}\exp\left(-\frac{Q}{Q_A}\right) \quad (5.13)$$

したがって変数 Q に対して減少関数となる実現確率関数 $P(Q)$ は上式を積分して次式のように得られる．

$$P(Q)=1-\int_0^Q p(Q)dQ=\exp\left(-\frac{Q}{Q_A}\right) \quad (5.14)$$

ここで $1/Q_A=B$ とおくと Eq. (5.14) は次式のように書き変得られる．

$$P=\exp(-BQ) \quad (5.15)$$

さらに因子 Q として粒子表面の大きさなどを想定すれば因子 Q と粒子径 ℓ の間に，

$$Q\propto\left(\frac{\ell}{L}\right)^C \quad (5.16)$$

を仮定すると，最終的に Q が 0 のときに 1，∞ のときに 0 をとる実現確率関数 $P(Q)$ は次式のように表される．

$$P(Q)=\exp\left\{-B\left(\frac{\ell}{L}\right)^C\right\} \quad (5.17)$$

したがって実現する粒子の粒子径分布を与える粒子径確率密度分布関数 $q(\ell)$ はオリジナル PSD 関数 $q_o(1/\ell)$ と実現確率関数 $P(Q)$ の積として次式で表される．

$$q(\ell)=q_o(1/\ell)P(Q)=AL\exp\left(-\frac{L}{\ell}\right)\exp\left\{-B\left(\frac{\ell}{L}\right)^C\right\} \quad (5.18)$$

ここで A は，$q(\ell)$ が確率密度分布関数であることから，次式の規格化条件を満足する係数である．

$$\int_0^\infty q(\ell)d\ell=1 \quad (5.19)$$

なお，指数 C が 2 となるときは，実現確率が粒子の表面積の大きさに依存することを意味する．

(3) 乱流エネルギーを外部からのエネルギーとしたときのPSD関数

液滴，気泡，結晶の生成は，流れ場が乱流である攪拌槽などの装置内で起こる現象である．したがって前述の力／エネルギーバランスにおける外部からのエネルギーとしてエネルギースペクトル確率密度分布関数から推定されるエネルギーを考えることができる．粒子より大きな渦は粒子を包み込んで槽内を巡回するだけであるが，粒子径に比べて小さすぎる渦は粒子を細粒化するほどの影響を持たない．したがって粒子が細粒子化されるときに最も大きな影響を及ぼすと考えられる渦は，その粒子と同じ程度の大きさの渦である．したがって限界粒子についての外部からのエネルギーとしては

$$F_O \approx \rho E_k \Delta k \tag{5.20}$$

を考えればよい．ここでρは液体密度 [kg/m³]，$E_{k=1/\ell}$は限界粒子と等しい大きさ$\ell(\propto 1/k)$の渦の乱流エネルギー [m³/s²]，Δkはkに比例する微小な波数単位 [1/m] である．このF_O [kg/(s²m)] と粒子内部の力としての表面張力などのF_I [kg/s²] とのバランス式を考えることになる．

$$\rho E_k \Delta k V_T \approx F_I \ell^2 n \tag{5.21}$$

ここでV_Tは攪拌槽の体積，nは大きさℓの粒子の総個数である．上式の両辺にℓを乗じてこの粒子の全体積を求めると次式のようになる．

$$\ell^3 n \approx \frac{\rho V_T}{F_I} E_{k=1/\ell} \Delta k \ell \tag{5.22}$$

ここで粒子の大きさと対象としている渦の大きさは等しくℓであり，渦の大きさℓは波数kの逆数（$\ell \propto 1/k$）であるから，大きさℓの粒子の全体積

$$\ell^3 n = \frac{\rho V_T}{F_I} \frac{\Delta k}{k} E_{k=1/\ell} \tag{5.23}$$

したがって粒子径分布は次式で表される．

$$q_O(\ell) \propto \ell^3 n \approx \frac{\rho V_T}{F_I} \frac{\Delta k}{k} E_{k=1/\ell} \tag{5.24}$$

Eq. (5.24) で ρ=const., V_T=const., F_I=const. を考慮すれば（$\rho V_T/F_I$）（$\Delta k/k$）は波数に依らず一定値をとると考えられる．最終的にオリジナルな粒子径分布式として次式が得られる．

$$q_o(\ell) \propto E_{k=1/\ell} \propto \sum_{i=1}^{m} L_i \exp\left(-\frac{L_i}{\ell}\right) \tag{5.25}$$

ここでも，単位体積当りの乱流エネルギーは各渦群で渦の大きさによらないことを仮定している．さらに前記と同じように実現確率関数を導入すると

$$q(\ell) \propto q_o(\ell) P(Q) \tag{5.26}$$

となり，最終的に実際の粒子径分布は次式のようになる．

$$q(\ell) = A \sum_{i=1}^{m} L_i \exp\left(-\frac{L_i}{\ell}\right) \exp\left\{-B\left(\frac{\ell}{L}\right)^c\right\} \tag{5.27}$$

この式の形は，前記の新たに導出した粒子径分布（Eq. (5.18)）と Σ の有無を除いて同じである．実際の粒子径分布は $m=1$ の基本渦群の影響を最も受けやすいと考えれば，この Σ の有無の違いはそれほど重要ではない．

（4）乱流渦径確率密度分布との類似性

攪拌槽内乱流場の渦も，攪拌翼や邪魔板，さらには流体のせん断などによって細粒子化されて生じると考えると，本章と同様な考え方ができる．波数と渦径の間には以下の関係を考えてよい．

$$L \propto \frac{1}{k}, \qquad L_i \propto \frac{1}{K_i} \tag{5.28}$$

この関係に基づいて Eq. (4.7) のエネルギースペクトル確率密度分布関数を書き改めると次式のようになる．

$$\frac{E(k)}{u^2} = \sum_{i=1}^{m} \frac{E_i(k)}{u^2} = \sum_{i=1}^{m} \frac{P_i}{K_i} \exp\left(-\frac{k}{K}\right) = \sum_{i=1}^{m} P_i L_i \exp\left(-\frac{L_i}{\ell}\right) \tag{5.29}$$

上式に基づいて乱流渦の個数，体積を求めると，最終的に質量基準の渦径確率密度分布関数が次式のように求まる．

$$q_e \approx \sum_{i=1}^{m} \frac{E_i(k)}{u^2 \ell^3} \ell^3 = \sum_{i=1}^{m} \frac{1}{K_i} \exp\left(-\frac{k}{K_i}\right) \propto \sum_{i=1}^{m} L_i \exp\left(-\frac{L_i}{\ell}\right) \tag{5.30}$$

ここで大きさ ℓ をもつ乱流渦の単位体積当たりの乱流エネルギーは，各渦群がもつ乱流エネルギーに比例することを仮定している．Eq. (5.30) から明らかなようにエネルギースペクトル確率密度分布関数は乱流渦径確率密度分布関数と一対一に対応することになる．このことは本章の考え方に基づいて乱流渦の細粒子化

を考えても，前章のエネルギースペクトル確率密度分布関数が導けることを示している．この Eq.(5.30) の式形は前節で導出したオリジナル PSD 関数 Eq.(5.8) と Σ の有無を除いて同じであり，Eq.(5.25) とはまったく同じである．渦は翼やバッフルあるいは乱流応力によって細分化される．また，液滴，気泡，結晶，砕製物の場合は 1 つの粒子の中に他の粒子を含むことは油／水／油のようなエマルションを除いて一般にはないが，乱流渦の場合は大きな渦の中により小さい渦を内包する，いわゆる入れ子の組織も存在するため，乱流渦の場合は実現確率を考慮しなくても，そのまま Eq.(5.30) が渦径分布を表すと考えられる．

課題 5.1　粒子径確率密度分布関数新表示式の妥当性は？

○背景と目的

従来から多くの PSD 関数が使われてきた．しかしこれらの関数は物理的な背景を有しない．さらに実際の 1 つの粒子径確率密度分布が異なる関数，例えば Rosin-Rammler 確率密度分布関数，正規確率密度分布関数，対数正規確率密度分布関数で別表示されるということもあり，操作条件と関数の因子との関係を求めることができない，すなわち目的とする粒子径分布を有する製品を得るための操作条件を定めることができないこともあった．したがって新たに提案された粒子径確率密度分布関数が従来の関数を包括し，かつより優れていることを示す必要がある．

そこで新たに Eq.(5.18) で定義された PSD 関数の有用性を評価するために，Eq.(5.18) が従来の典型的な粒子径確率密度分布関数を包括する関数であることを明らかにすること．具体的には従来からよく用いられてきた Rosin-Rammler 確率密度分布，正規確率密度分布，対数正規確率密度分布を Eq.(5.18) で定義された PSD 関数で表示できることをシミュレーションにより検証する．

○シミュレーションと結果の見当

対象とする粒子径分布データは表 5-1 に示す典型的な粒子径確率密度分布関数から各パラメーターをに種々に設定して発生させたデータである．

第5章　細粒子化操作で生じる粒子径分布

Rosin-Rammler 確率密度分布
$$q_{RR}(x) = ndx^{n-1}\exp(-dx^n) \tag{5.31}$$

正規確率密度分布
$$q_N(x) = \frac{1}{(2\pi\sigma_N^2)^{1/2}}\exp\left\{-\frac{(x-x_m)^2}{2\sigma_N^2}\right\} \tag{5.32}$$

表 5-1　パラメーター値

Distribution	Generation parameter		A	L	B	C
Rosin Rammler	n	d				
	2	$5*10^{-4}$	$2.83*10^{-3}$	15.8	$8.75*10^{-2}$	2
	2.6	$9.5*10^{-6}$	$9.87*10^{-4}$	80.9	$9.70*10^{-1}$	2
	2.8	$8*10^{-6}$	$2.10*10^{-3}$	79.3	$1.78*10^{0}$	2
Normal	x_m	σ_N				
	50	10	$1.51*10^{0}$	305	$1.24*10^{2}$	2
	50	15	$2.50*10^{-2}$	159	$1.87*10^{1}$	2
	50	20	$3.40*10^{-3}$	80.1	$2.66*10^{0}$	2
	30	5	$2.081*10^{2}$	265	$3.66*10^{2}$	2
Log-normal "wide"	x_m	σ_{LN}				
	20	2	$1.06*10^{-2}$	6.63	$5.65*10^{-2}$	2
	45	1.6	$2.84*10^{-3}$	48.4	$1.03*10^{0}$	2
	70	1.5	$1.96*10^{-3}$	110	$2.85*10^{0}$	2
"narrow"	25	1.3	$1.48*10^{-1}$	84.5	$2.30*10^{1}$	2

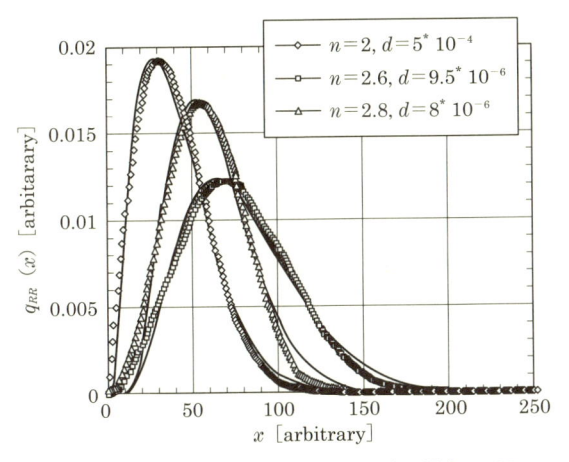

図 5-1 (a)　Rosin-Rammler確率密度分布の場合のPSD

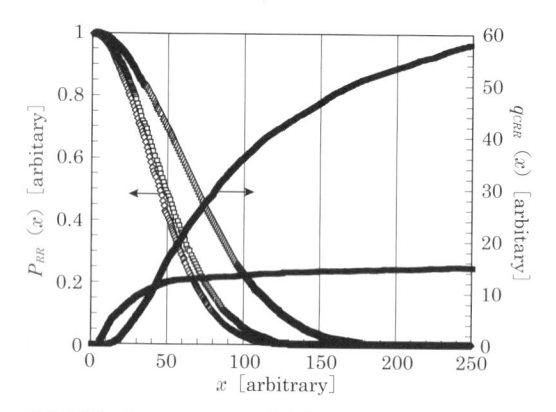

図5-1(b)　Rosin-Rammler確率密度分布の場合の実現確率

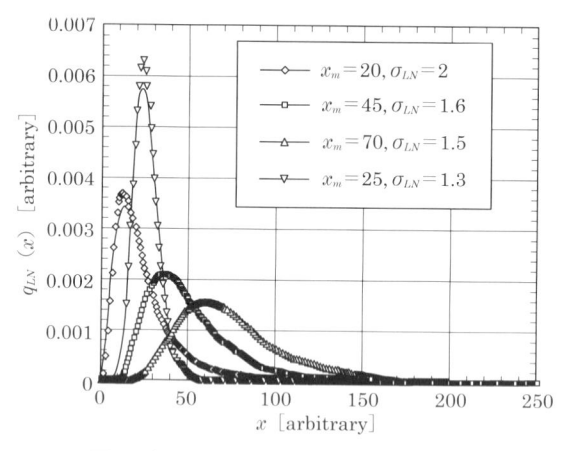

図5-1(c)　対数正規確率密度分布の場合のPSD

対数正規確率密度分布
$$q_{LN}(x) = \frac{1}{x\{2\pi(\ln\sigma_{LN})^2\}^{1/2}} \exp\left\{-\frac{(\ln x - \ln x_m)^2}{2(\ln\sigma_{LN})^2}\right\} \quad (5.33)$$

(x_m：幾何平均値, σ_{LN}：$\ln x$の標準偏差値)

　実現確率関数パラメーターC値は表面積が粒子の細粒子化に大きく影響することを考えて$C=2$と設定し，発生させた粒子径分布データを，新たな粒子径確率密度分布関数Eq.(5.18)でカーブフィッティングした．発生させたデータ

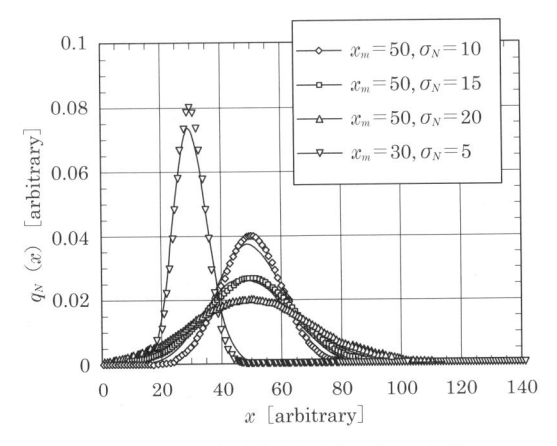

図5-1（d） 正規確率密度分布の場合のPSD

とEq. (5.18)で定義されたPSD関数でカーブフィッティングした結果の比較，およびRosin-Rammler分布の場合の実現確率関数の分布を図5-1に示す．これらの結果から以下のことが明らかになる．

① いずれの分布式から発生させたシャープな分布，ブロードな分布の場合も，新たなPSD関数によって実用上問題ない十分な精度で表示できる．
② 物理的な背景・意味が明確な1つのPSD関数Eq. (5.18)で表示できることは，種々の操作条件と関数中の各パラメーターとの関係を明らかにすることができることにもなり工学的に極めて有効である．
③ 新たに定義されたPSD関数がオリジナルPSD関数と実現確率関数の積からなることから，新たな粒子径分布の議論を促進することができる可能性がある．
④ 実現確率関数の指数を$C=2$に固定しない場合はより精度を高くカーブフィッティングすることができる．

課題5.2　液―液撹拌における液滴径分布は？

○背景と目的

　液―液混合は化学工業で広く利用されている．液滴の分散状態は液滴の分裂と合体のバランスで決まる．分裂は翼近傍で加速される．液滴径分布はさま

ざまな PSD 関数で表示されるが最も利用されているのは正規確率密度分布関数である．しかしながら正規確率密度分布関数が適用できるという物理的意味は不明であり，単なるカーブフィティング式でしかない．さらに実際の1つの PSD が異なる関数で表示されるということもあり，操作条件と関数の因子との関係を求めることができない，すなわち目的とする液滴径分布を有する製品を得るための操作条件を定めることができないこともあった．したがって Eq.(5.18) で定義された PSD 関数で液—液攪拌における液滴径分布の表示を十分にできることを検証する必要がある．

そこで液—液攪拌における液滴径分布を Eq.(5.18) で定義された PSD 関数でカーブフィットする．

○実験と結果の考察

対象とする攪拌槽は図5-2に示すように槽内径180mmの4枚バッフル付平底円筒攪拌槽であり，攪拌翼は6枚平羽根タービン翼である．実験系は連続相として水，不連続相としてマロン酸ジエチル（Ethyl malonate）（界面張力 11.2mN/m，粘度 2.0mPa・s，密度 1.055g/cm^3，50ccの水に1g (0.08%)）の液—液系である．攪拌翼回転速度は 210rpm，240rpm，270rpm，300rpm（Re=1.26×10^4〜1.8×10^4）に設定した．

四角の恒温槽内に設置された攪拌槽内が所定の翼回転速度の下で定常に攪拌されていることを確認後，槽内の液滴をカメラで撮影（シャッタースピード 1/500s）し，液滴径を測った．実測された液滴径分布を Eq.(5.18) でカーブフィットした結果の一部を図5-2に示す．この結果から以下のことが明確になる．

① いずれの翼回転速度における液滴径分布も，Eq.(5.18) で定義された PSD 関数で十分にカーブフィットすることができる．
② 翼回転速度の増加とともにシャープな液滴径分布に変化する．

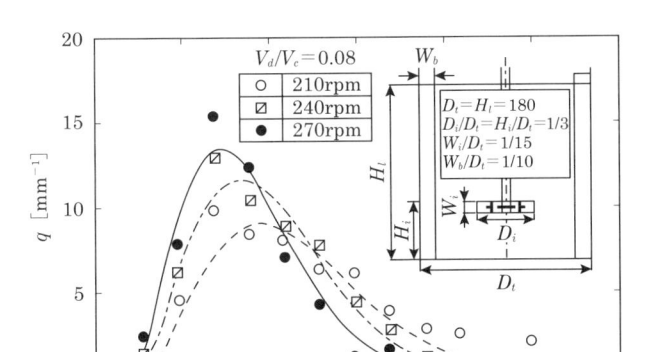

第5章 細粒子化操作で生じる粒子径分布　135

図5-2　液—液攪拌における液滴径分布の表示

課題5.3　通気攪拌における気泡径分布は？

○背景と目的

通気攪拌操作は化学工業で広く利用されている．液—気混合の目的は液—気間の物質移動を促進するために微小な気泡を生成することである．ガス分散器から流出したガスは翼で捕捉されその後気泡として分散される．液—気混合状態は以下の3つに分類される（図5-3）．

① 　攪拌支配（[課題2.7参照]）
② 　通気支配（[課題2.7参照]）
③ 　上記2支配の中間状態

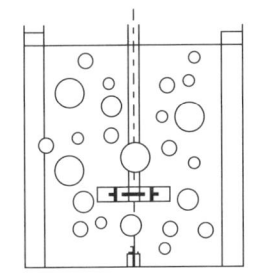

Flowstate controlled by stirring　　　Flowstate controlled by aeration

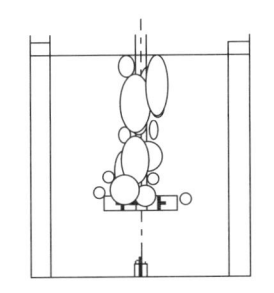

図5-3　攪拌支配と通気支配

各混合状態に対する操作条件の影響は異なる．気泡径分布はさまざまな PSD で表示されるが，最も利用されているのは正規確率密度分布関数である．しかしながら正規確率密度分布関数が適用できるという物理的意味は不明であり，単なるカーブフィッティング式でしかない．さらに実際の 1 つの PSD が異なる関数で表示されるということもあり，操作条件と関数の因子との関係を求めることができない，すなわち目的とする気泡径分布を有する製品を得るための操作条件を定めることができないこともあった．したがって Eq. (5.18) で定義された PSD 関数で液―気攪拌における気泡径分布の表示を十分にできることを検証する必要がある．

そこで通気攪拌における気泡径分布を Eq. (5.18) で定義された PSD 関数でカーブフィットする．

○実験と結果の検討

対象とした攪拌槽は図 5-4 に示すように槽内径 180mm のバッフル付平底円筒攪拌槽であり，攪拌翼は 6 枚平羽根タービン翼である．また通気ノズルは内径 3mm 円形ノズルを槽底中央に設置した．攪拌翼回転速度は 150rpm, 200rpm, 250rpm, 300rpm, 350rpm（Re＝$0.90 \times 10^4 \sim 2.1 \times 10^4$）に，通気ガス流量は $1.67 \times 10^{-5} \mathrm{m}^3/\mathrm{s}$ とした．試験系は液相としてイオン交換水，気相として窒素ガスの気―液系である．

恒温槽内に設置された攪拌槽内が所定の翼回転速度の下で定常に攪拌されていることを確認後，槽内の気泡を幅 6mm のスリット光を利用してビデオカメラで撮影（シャッタースピード 1/250s）し，画像解析ソフトを利用して気泡径を測った．実測された気泡径分布を Eq. (5.18) で定義された PSD 関数でカーブフィットした結果の一部を図 5-4 に示す．この結果から以下のことが明確になる．

① いずれの翼回転速度においても，Eq. (5.18) で定義された PSD 関数で十分にカーブフィットすることができる．
② しかし翼回転速度が 150,250rpm の場合は，気泡径が大きくなるとピークのない分布となり，翼回転速度が 350rpm の場合はピークが 1 つの通常の分布となる．この現象は，翼回転速度が大きい場合は，大きな気泡も長

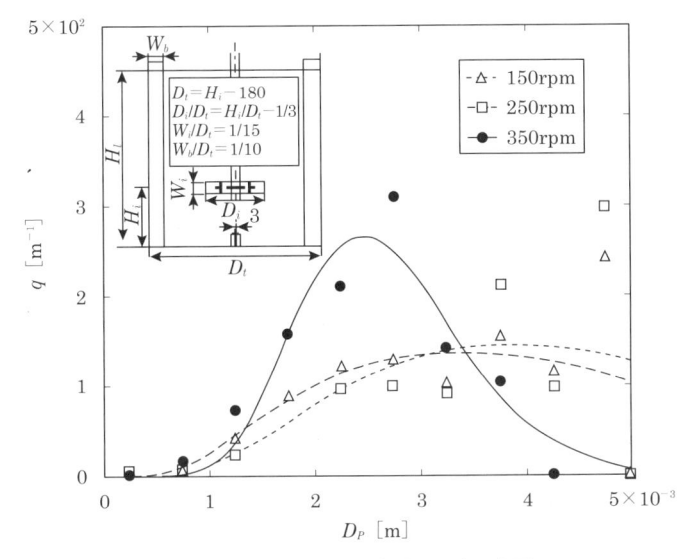

図5-4 通気撹拌における気泡径分布の表示

い時間槽内に滞留し気泡のほとんどが翼およびせん断力によって細分化されることになるが，翼回転速度が150,250rpmでは吹込まれた気泡が翼およびせん断力で細分化されることなく槽上方へ吹き抜けることが多くなるためと考えられる．

課題5.4 晶析槽における結晶粒子径分布は？

○背景と目的

晶析操作は化学工業で広く見られる操作である．晶析操作における結晶粒子径分布は従来からさまざまな式でカーブフィティングされてきているが，最も利用されているのは対数正規確率密度分布関数である．しかしなが対数正規確率密度分布関数が適用できるという物理的意味は不明であり，単なるカーブフィティング式でしかない．さらに実際の1つのPSDが異なる関数で表示されるということもあり，操作条件と関数の因子との関係を求めることができない，すなわち目的とする結晶粒子径分布を有する製品を得るための操作条件を

定めることができないこともあった．したがって Eq. (5.18) で定義された PSD 関数で晶析操作における結晶粒子径分布を十分に表示できることを検証する必要がある．

そこで晶析槽における結晶粒子径分布を Eq. (5.18) で定義された PSD 関数でカーブフィットする．

○実験と結果の考察

対象とした晶析槽は図 5-5 に示すように槽内径 180mm の 4 枚バッフル付平底円筒攪拌槽であり，攪拌翼は 6 枚平羽根タービン翼である．晶析系は硫酸カリウム（比重 2.662）—水系である．攪拌翼回転速度は 500rpm，600rpm，700rpm．（Re＝$3.00×10^4$〜$4.2×10^4$）とした．

別に設けてある溶解槽と晶析槽の両槽とも恒温槽内に設置し，まず両槽を遮断して，両槽をそれぞれの所定の温度（晶析槽は 20°C，溶解槽は 20°C），所定の溶液濃度（晶析槽は 105.9kg/m³，溶解槽は 136.5kg/m³）に設定する．所定の温度で定常になったことを確認してから両槽を連通させて，両槽の溶液濃度がそれぞれほぼ一定になる 1h 後に約 1mg の種晶を添加し，結晶が可視化できる大きさになる種晶添加後 2h から 1h ごとに槽内の結晶を幅 6mm のスリット

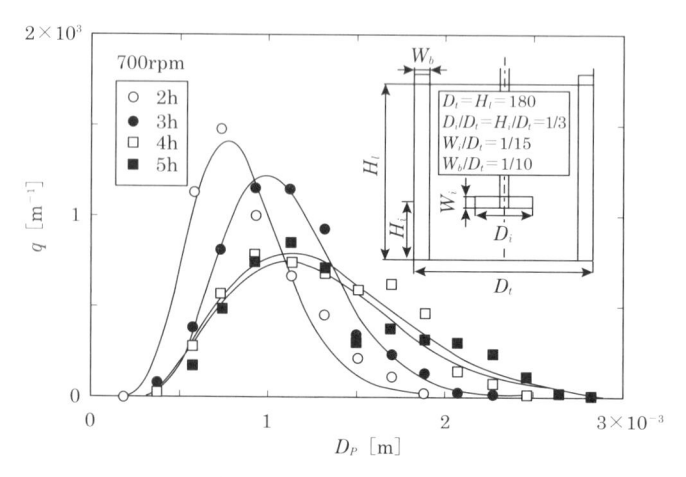

図5-5 晶析槽における結晶粒子径分布への応用

光を利用しビデオカメラで撮影（シャッタースピード 1/250s）し，画像解析ソフトを利用して結晶径を測った．実測された結晶径分布を新たに提案された PSD 関数 Eq. (5.18) でカーブフィットした結果の一部図 5-5 に示す．この結果から以下のことがわかる．

① 種晶添加後のいずれの時刻における結晶粒子径分布も，Eq. (5.18) で定義された PSD 関数で十分にカーブフィットすることができる．

② 種晶添加後 4h 以後には結晶粒子径分布はほぼ一定で変わらなくなることが推測される．

課題 5.5　粉砕操作における砕製物粒子径分布は？

○背景と目的

粉砕操作は化学工業において広く見られる操作の1つである．粉砕操作における砕製物粒子径分布は従来からさまざまな式でカーブフィッティングされてきているが，最もよく利用されているのは対数正規確率密度分布関数である．しかしなが対数正規確率密度分布関数が適用できるという物理的意味は不明であり，単なるカーブフィティング式でしかない．さらに実際の1つの PSD が異なる関数で表示されるということもあり，操作条件と関数の因子との関係を求めることができない，すなわち目的とする砕製物粒子径分布を有する製品を得るための操作条件を定めることができないこともあった．したがって Eq. (5.18) で定義された PSD 関数で粉砕操作における砕製物粒子径分布を十分に表示できることを検証する必要がある．

そこで粉砕操作における砕製物粒子径分布を Eq. (5.18) で定義された PSD 関数でカーブフィットする．

○実験と結果の考察

対象とした粉砕機は内径 156mm，内高 156mm，25mm セラミックボール 30 個からなる実験用磁性ボールミルである．砕料は Tyler 標準篩（内径 200mm）で分級した一定の粒子径の石灰岩（limestone）（密度 2.53×10^3kg/m^3 と密度 2.65×10^3kg/m^3）であり，仕込砕料は密度 2.53×10^3kg/m^3 について

は初期粒子径 D_0=1.086, 1.524, 1.816, 密度 $2.65×10^3 kg/m^3$ については D_0=0.456, 0.645, 1.283, 1.524mm とし, いずれも 600g を仕込量とした. また, ボールミル回転速度は 50, 100, 150rpm に変化させた.

所定の砕料を仕込み, 実験開始後一定時間ごとに砕製物を取り出し, Tyler 標準篩で分級して粒子径分布を測定する. 実測された砕製物粒子径分布を Eq.(5.18) で定義された PSD 関数でカーブフィットした結果の一部を図 5-6 に示す. この結果から以下のことが明らかになる.

① 粒子径が一定の石灰岩を粉砕した場合も, 砕製物粒子径分布は Eq.(5.18) で定義された PSD 関数で十分にカーブフィットすることができる.

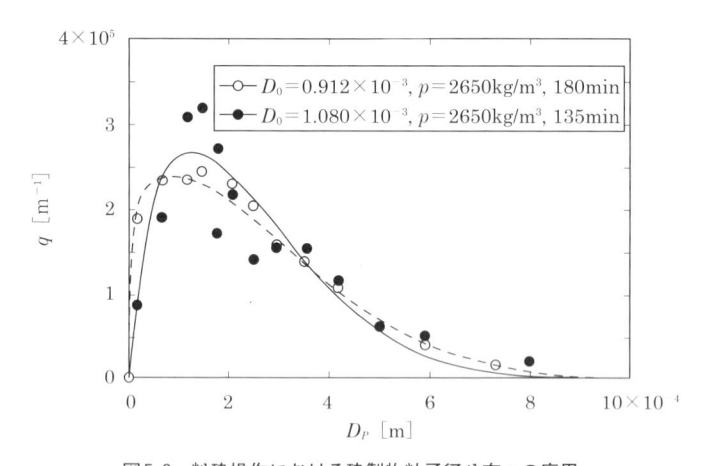

図5-6 粉砕操作における砕製物粒子径分布への応用

第6章

安心と不安

6.1 はじめに

　前章までは，まさに化学工学らしい分野を情報エントロピーというメガネをかけて見ることを試み，それによって得られた新たな知見を示した．我々の周囲は科学技術の発展とともに急激に変化している．既に安全と安心は無償で手に入るものではなくなっており，相応の代償と投資が不可欠である．安心できる社会の構築のための科学技術に対する期待は極めて大きい．より高度の安心を得るためには，科学技術に裏打ちされた安全が必要であり，安心に対する感覚が不可欠である．つまり多くの科学が協働する必要がある．安心に関する心理学と確率論との協働もその1つである．

　本章では，焦点を純粋の化学工学からわずかにずらし，人間の意思決定に深く影響する不安／期待に焦点をおくことにする．化学工学とは少しだけ離れた「人の心（判断）」を情報エントロピーというメガネをかけて見ることを試みる．読者は，安全はそれなりに納得できるが不安／期待は化学工学からは離れすぎていると感じるかもしれない．しかし，化学技術者は人間の福祉および人間の感覚をとりまく問題も対象としているはずである．さらに，読者は化学工学の分野の中で日々意思決定を迫られることも多いはずである．意思決定はその結果生じる現象に対する不安／期待に大きな影響を受けるはずである．つまり，意思決定を議論することは不安／期待を議論することとほぼ同等ということになる．このように考えると不安／期待を重要視して，意思決定法を議論することは間違った選択ではないことが分かる．不安を検討の目的とすることは，化学工学が総合工学となるための新たなアプローチにつながると考えられ

る．以下では，化学産業においても重要な不安／安心に対する感覚を対象として，情報エントロピーというメガネの威力を探ることにする．

　不安／期待の程度の定量的な表示法はない．したがって不安／期待の程度の定量的な表示法を定義する必要がある．不安／期待は現象の価値とその生起確率に依存する．伝統的な単純な意思決定の議論においては現象の価値とその生起確率の積に基づいて議論されてきた．しかしこの従来の方法は完璧ではなく多くの限界があることが明確になってきた．最近多くの意思決定法が議論されてきており，多段階意思決定法（AHP）が最も話題になっている．しかしこの方法にも不都合な部分が残されている．この方法は一対比較に基づいた現象／要素の強度あるいは優先順位の決定段階を含んでいるからである．共役比較はヒエラルヒーのあるレベルにある現象／要素を次のレベルの現象／要素と比較することを含んでいる．具体的には，例えばAとBという現象／要素が与えられた場合，一対比較は以下のような5つの判断で行われる．

　　　もしAとBとが同等に重要なら1を挿入
　　　もしAがBより重要でなければ3を挿入
　　　もしAがBより重要であれば5を挿入
　　　もしAがBより極めて重要であれば7を挿入
　　　もしAがBより絶対的に重要であれば9を挿入

　ここで挿入される数字は評価基準の重みであるがその値を決定するための物理的背景は皆無である．この5つの判断とその尺度は人間の感覚によって定められるものである．その評価基準の重みは決定に導く現象の価値を含んだものかもしれないし，現象の生起確率を含んだものかもしれないが，これに基づいた意思決定は定性的である．一対比較，すなわち評価基準の重みはあるレベルの要素と次のレベルの要素との優先順位をつけている．もし心理学的研究が進めばこの方法も進化するであろうが，現在では無理である．しかしながら人間は量的な意思決定を行っている．

　人間が意思決定を行う場合は，現象／要素の比較を生起確率や価値などのさまざまな基準に基づいて行っている．AHPの場合のように意思決定が議論されるときには，現象／要素の生起確率が十分に考えられていない．したがって，意思決定に反映するべき現象／要素の生起確率に基づいた新たな議論が必

要である．情報エントロピーは新たな意思決定法を提案できる可能性を秘めている．なぜなら人間の量的感覚は情報エントロピーと密接な関係にあり，その感覚の変化も第1章で示したように情報エントロピーで表現できるからである．本章では不安／期待の感覚に対する情報エントロピーの有用性を検討する．将来的にはこの分野が化学工学の一分野となることを期待している．

● **AHP（analytic hierarchy process）** ●

このモデルは1971年にSatty,T.L.によって，不確実な条件下のさまざまな評価基準がある場合の意思決定の方法として提案された．最も大事な点は，意思決定の構造はhierarchicalになっていることである．意思決定の算定のプロセスは以下のとおりである．
① 問題の解析にしたがって階級の構造と分解をセットする．
② あるレベルと次のレベルの要素間の一対比較を行い評価項目のマトリックスをつくる．
③ もしC.I.（濃度因子）とR.I.（ランダム因子）の比が妥当でなければ上記のステップを繰り返す．
　一対比較の結果に基づいて，要素の合成ウエイトが計算され，全体評価値が定まる．

6.2 安全と不安

「安心」とは「心配がなくなって気持ちが落ち着く様子」であり，その反対語は「不安」（どうなるかと心配して落ち着かない様子）と辞典には書かれている．一方，いままでにさまざまな分野で「安全」が議論されてきた．「安全」の反対語は「危険」とされている．しかしながら，安全の程度が100%近い技術でも，人はその技術に対して安全な程度に比例して安心するわけではない．よい例に原子力発電がある．技術的にはほぼ100%完成しておりほぼ100%安全といわれるが，原子力発電所の新たな設置は現地では容易には受け入れられない．それは安全の程度に比例して安心しておらず，僅かな確率かもしれないけれど重大事故が起こるかもしれないという大きな不安を感じているからである．

辞典には「安全」とは「身の危険を，物に損傷・損害を受ける恐れがない様子」で反対語は「危険」と書かれている．身体に影響を及ぼしたり機械などが破損したりする恐れを対象とする限り，安全の程度の増減に対応して安心の程度も増減し，危険の程度の増減に対応して不安の程度も増減する．安全／危険の程度はその危険な事象が生じない／生じる確率に比例して表されるが，安心／不安の程度は必ずしも比例しないと思われる．生じる確率が0であった危険な事象が僅かな確率でも生じるとなると不安を急激に感じ始め，確率の増加とともに不安も増加するが，ある程度の確率の値からは確率の値が増えても感じる不安の程度の変化はあまりなく，確率が1に近くなると，その危険な事象がほぼ確実に生じると覚悟して，再び不安は大きく増え始めるものである．つまり不安の程度の変化はS字型で中だるみがある．安全な装置，安全な操作，安全なプロセスは安心な装置，安心な操作，安心なプロセスに違いはないが，安全を感じる程度と同じ程度に安心を感じる装置，操作，プロセスではない．

　これからの科学技術は人間の心をも満足させたものでなければならないとするならば，今後の科学技術は「安全／危険」という視点だけではなく，さらに人の心を加味した「安心／不安」という視点でも評価される必要がある．しかしながら，この「安心／不安」を定量的に評価する指標は未だ確立されていない．

　なお，「安心」の反対語である「不安」と同義語に「憂慮」（近い将来における悪い結果を予測して心配すること）があり，その反対語が「期待」（ある事が起こるように心の中で待ち望むこと）がある．したがって「安心／不安」の程度を定量的に評価できる指標の定義は，「憂慮／期待」の程度を定量的に評価できる指標の定義につながることになる．

6.3　「安心／不安」の評価指標

(1)　不安を論じる視点

　人は，生じてほしくない事態が生じる可能性がある場合，あるいは生じてほしい事態が生じない可能性がある場合に，不安を感じる．不安を分類するには

以下の5つの視点がある．

① 不安の型
  ⅰ．ハード型（機械や装置に関するもの）
  ⅱ．ソフト型（記号化（記述）された計画・手続きに関するもの）
② 不安の水準
  ⅰ．科学的根拠に基づく必要条件
  ⅱ．個人が支持する条件
  ⅲ．集団が支持する条件
  ⅳ．実現可能な水準
  ⅴ．過去の実現水準
  ⅵ．理念的・理想的水準
③ 不安を感じる対象
  ⅰ．個人
  ⅱ．集団
  ⅲ．社会
  ⅳ．環境
④ 不安が生じる領域
  ⅰ．物的
  ⅱ．生物的（肉体的）
  ⅲ．社会的
  ⅳ．精神的
⑤ 不安を表現する how
  ⅰ．どのような条件の下で
  ⅱ．どのような確率で
  ⅲ．どのような規模で
  ⅳ．どのような程度で

以上のように，不安の内容は人それぞれの視点によって異なり，これを定量化して表現することは極めて困難とされてきた．以下では上記の視点とは異なる視点で不安を考えることにする．

（2） 評価指標の定義

ここでは，対象とする事態の価値とそれが生じる可能性，あるいは生じない可能性によって不安の程度は定まると考える．生じては困る事態が生じなければ安心する．したがって「不安」と同義語の「憂慮」の反対語である「期待」の程度の定量化は，考え方を逆にすれば「不安」の程度の定量化と同じようにできる．以下では議論を簡単にするため，生じては困る事態が生じることへの不安の程度を定量的に示す方法に焦点を絞って示す．

不安の程度は，生じては困る事態が生じるかどうかの不確実さと強く関係していると考えられる．生じては困る事態が確率Pで生じ，確率$1-P$で生じない場合，生じては困る事態が実際に生じるかどうかの不確実さは次式の情報エントロピーで表される．

$$H = -P\ln P - (1-P)\ln(1-P) \tag{6.1}$$

このHとPの関係を図示すると図6-1のようになる．

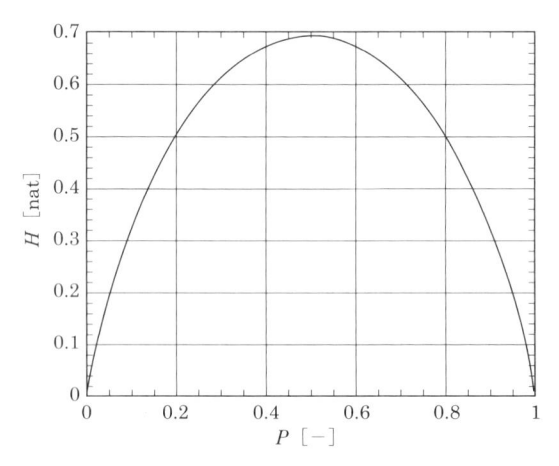

図6-1 不確実さの程度を示す情報エントロピーの分布

Hは$P=1/2$に対して軸対称な分布となり，最大値$\ln 2$を$P=1/2$のときにとる．すなわち不確実さは，その事態が生じる確率と，生じない確率が等しくなったときに最大値をとる．ここで，確率Pにおける不確実さHと不確実さの最大値H_{max}の差に注目する．

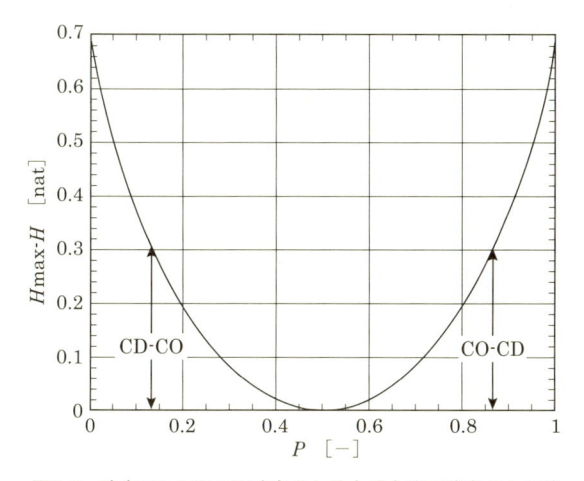

図6-2 確率Pのときの不確実さと最大最大の不確実さとの差

$$H_{max}-H=\ln 2-\{-P\ln P-(1-P)\ln(1-P)\} \tag{6.2}$$

$(H_{max}-H)$ と P の関係を図6-2に示す．

$(H_{max}-H)$ は，確率 P のときの生じては困る事態が生じるかどうかの不確実さが最大の不確実さから減少した程度を示している．この不確実さの減少は，生じては困る事態が生じる確実さ，あるいは生じない確実さが不均衡になったために生じる．CO を生じては困る事態が生じる確実さの程度，CD を生じては困る事態が生じない確実さの程度を示すとすると，$(H_{max}-H)$ と CO および CD の関係は以下のようになる．

$H_{max}-H=0$：$CO=CD$ \hfill (6.3 (a))

$H_{max}-H \neq 0$：$CO \neq CD$

$P<1/2$：$CO<CD$ and $H_{max}-H=CD-CO=-(CO-CD)$ \hfill (6.3 (b))

$P>1/2$：$CO>CD$ and $H_{max}-H=CO-CD$ \hfill (6.3 (c))

不安の程度を定量化するには不安の判定基準を明らかにしておかなければならない．そこで不安の程度は

(生じては困る事態が生じる確実さの程度 CO)
　　ー(生じては困る事態が生じない確実さの程度 CD)

に比例すると考えることにする．

$P<1/2$：不安の程度 $CO-CD=-(H_{max}-H)$ \hfill (6.4 (a))

$$P>1/2 : 不安の程度 \, CO-CD=(H_{max}-H) \quad (6.4\,(b))$$

ここで $P<1/2$ の場合は $-H_{max}$ を最小値とする負値になり，$P>1/2$ の場合は H_{max} を最大値とする正値になる．不安の程度を議論するには正負の入り混じった値を扱うよりすべて正値として取り扱う方が便利である．そこで，確率は $0 \leq P \leq 1$ の範囲の値をとることから，$P=0$ を原点として考え，上記の不安の程度に H_{max} を加えて正側へスライドさせて Eq.(6.4) を以下のように書き改める．

$$\Delta I_{P<1/2}=(H_{max})-(H_{max}-H)=H \quad (6.5\,(a))$$

$$\Delta I_{P \geq 1/2}=(H_{max})+(H_{max}-H)=2H_{max}-H \quad (6.5\,(b))$$

ここであらためて，生じては困る事態が生じることへの不安の程度 AE を上記の情報エントロピーの変化量に比例すると仮定する．

$$AE_{P<1/2} \propto \Delta I_{P<1/2} \quad (6.6\,(a))$$

$$AE_{P \geq 1/2} \propto \Delta I_{P \geq 1/2} \quad (6.6\,(b))$$

さて生じては困る事態の価値は一定ではなく，対象とする事態に依存するし，また人それぞれの価値観によっても異なる．この生じては困る事態の価値を V とおくと，不安度（＝不安の程度）AE を次式で定義できる．

$$AE_{P<1/2}=V\{-P\ln P-(1-P)\ln(1-P)\} \quad (6.7\,(a))$$

$$AE_{P \geq 1/2}=V[2\ln 2-\{-P\ln P-(1-P)\ln(1-P)\}] \quad (6.7\,(b))$$

以下では V を価値因子と呼ぶことにする．V は，¥とか＄とか，生じては困る事態によってさまざまな単位をとる．

ここで重要なことは，Eq.(6.7) で表示される不安度は，生じては困る事態が生じる確実さと生じない確実さにのみ基づいて定義されており，感覚的な因子は一切入り込んでいないことである．

図 6-3 に $V=1$ としたときの AE と P の関係を示す．図中の曲線を以下では不安度曲線と呼ぶ．図から明らかなように，不安度曲線は S 字型を示し，低確率領域では過剰ウエイトに，高確率領域では過少ウエイトになっており，Tversky and Fox (1995) によって実験で得られた確率と意思決定ウエイトの関係を示す曲線の傾向と一致する．確率が 0.1 だけ変化したときの不安度におよぼす影響を考えると，0.9 から 1.0，あるいは 0 から 0.1 へ変化するときの不安度の変化量は，0.3 から 0.4，あるいは 0.6 から 0.7 へ変化するときより大

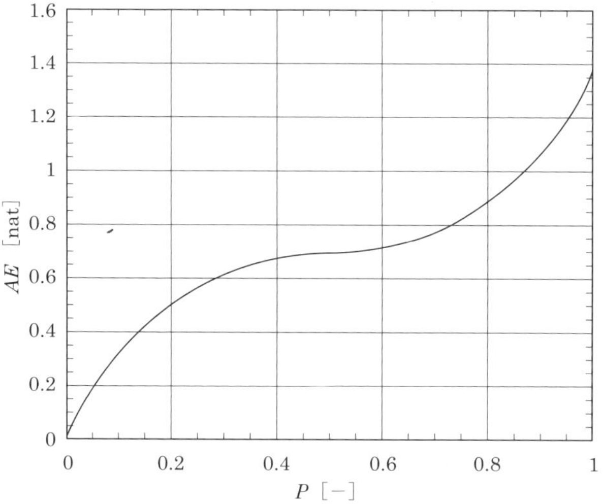

図6-3　不安度／期待度曲線

きい．また $P=0$ のときに最小値0をとり，$P=1$ のときに最大値 $2V\ln 2$ をとる．この最大値は価値因子 V に依存するが，最大値 $AE_{P=1}$ で規格化すれば，価値因子に関係なく不安度曲線は同一曲線として表示される．

前記のように，不安の程度と期待の程度とは逆の関係にある．P を生じてほしい事態が生じる確率とすれば Eq.(6.2) がそのまま成立し，CO を生じてほしい事態が生じる確実さの程度，CD を生じてほしい事態が生じない確実さの程度とすれば，以後の議論の展開は同じようにできて，期待度は不安度と同じ Eq.(6.7) で定義することができる．

また，確率 P を客観確率（状態確率）とみなせば，最大値 $AE_{P=1}$ で規格化した不安度はそのまま主観確率とみなすことができる．つまり，人がもつ不安や期待の程度は，次のような経路で定まると考えることもできる．まず人は生じては困る事態，あるいは生じてほしい事態が生じる確率，すなわち客観確率を得ると，心の中でそれを主観確率に変換して不安の程度，あるいは期待の程度を感じる．と考えることもできる．この主観確率と客観確率の差と客観確率の関係を図6-4に示す．図から明らかなように，P<1/2 では主観確率>客観確率であり，$P>1/2$ では主観確率<客観確率となる．

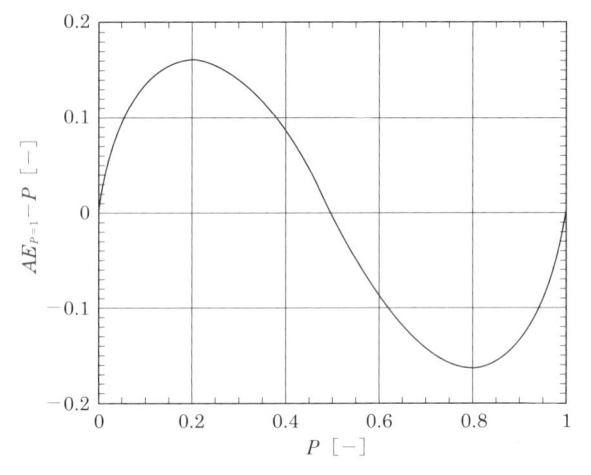

図6-4 客観確率と主観確率の差

> 課題6.1 提案された不安度／期待度新表示式の妥当性は？

○背景と目的

さまざまな場面でさまざまな条件下で意思決定がなされるが，それらの結果は従来の線形的考え方（対象とする事象の価値とその事象が生じる確率の積に比例して意思決定がなされる）では説明できないものが少なくない．Tversky and Fox（1995）はそのようなデータを明らかにしているので，Eq.(6.7)で定義された不安度／期待度に基づいてそれらを説明できることを検証する必要がある．

そこでTversky and Fox（1995）が示しているいくつかの興味ある意思決定のデータをEq.(6.7)で定義された不安度／期待度に基づいて検討することを目指す．

○シミュレーションと結果の考察

対象とするTverskyらのケースを以下に示す．

① Fourfold（リスク回避（risk seeking）とリスク追求（risk aversion）の境界）

表 6-1（正値は獲得を負値は損失を表わし，$C(x, P)$ は x を確率 P で獲得／損失するとしたときの境界のメディアン値を表わす．例えば，\$14 得ることと 5% の確率で \$100 得ることが同等であることを表している．同表には 4 つのパターンを示している）．

② Winning

表 6-1（\$30 が必ず得られる場合と 80% の確率で \$45 得られるか何も得られないかの場合では \$30 必ず得られる場合を選好する）．

表 6-1（20% の確率で \$45 得られるか何も得られない場合と 25% の確率で \$30 得られるか何も得られないかの場合では 20% の確率で \$45 得られるか何も得られない場合を選好する）．

表 6-1（\$100 必ず得られる場合と 50% の確率で \$200 得られるか何も得られないかの場合では \$100 必ず得られる場合を選好すると記している）．

③ Betting

表 6-2（スタンフォード大学とカリフォルニア大学バークレー校とのフットボールの試合に関してスタンフォード大学の学生 112 名にどちらに賭けるかを尋ねたところ，3 つの組み合せについて表 6-2 の結果が得られた．g_1 より f_1，g_2 より f_2，そして f_3 より g_3 を選好した．さらに（f_1, f_2, g_3）を選好したものが 36% を占めた．従来の理論に従えば，g_1 より f_1，g_2 より f_2 を選好した者は g_3 より f_3 を選好するはずである．しかし，f_1 と f_2 を

表 6-1　Tversky らの結果との比較

		Tversky and Fox(1995) $C(x, P)$：median certainty equivalent of prospect (x, P)	Author (based on new equation)
Fourfold	(a)	C (\$100, 0.05)＝\$14	(\$100, 0.05)＝\$14
	(b)	C (\$100, 0.95)＝\$78	(\$100, 0.95)＝\$84
	(c)	C (−\$100, 0.05)＝−\$8	(−\$100, 0.05)＝−\$14
	(d)	C (−\$100, 0.95)＝−\$84	(−\$100, 0.95)＝−\$84
Winning	(a)	(\$30, 1.0)＞(\$45, 0.80)	(\$30, 1.0)＝\$30＞(\$45, 0.80)＝\$26
	(b)	(\$45, 0.20)＞(\$30, 0.25)	(\$45, 0.20)＝\$19＞(\$30, 0.25)＝\$14
	(c)	(\$100, 1.0)＞(\$200, 0.50)	(\$100, 1.0)＝\$100＝(\$200, 0.50)＝\$100

(x, P)：probability P chance of receiving x

選好した 55 名のうち 64% の者が g_3 を選好した．この結果は従来の線形的な考え方では説明できない）．

上記の各ケースについて Eq. (6.7) に基づく不安度／期待度に基づいて不安度曲線，あるいは期待度曲線等を描いて説明することを行った．

○期待度／不安度新表示式による結果と考察

① Fourfold（リスク追求 とリスク回避の境界）

Eq. (6.7) に対応する不安度／期待度からそれぞれに対応する値を求めると，獲得する場合と損失する場合では違いがなく表 6-1 のようになる．多少の値の違いはあるものの，ほぼ Travsky らの結果と一致している．

② Winning

Eq. (6.7) に基づく期待度からそれぞれに対応する値を求めると表 6-1 のようになる．

$30 必ず得られる場合と 80% の確率で $45 得られるか何も得られないかの場合では，80% の確率で $45 得られる場合は $26 得られることと同等になり $30 より低くなる．

表 6-2 Stanford-Berkeley のフットボールの試合の賭け

Problem	Option	Events A[$]	B[$]	C[$]	D[$]	Preference[%]
1	f_1	25	0	0	0	61
	g_1	0	0	10	10	39
2	f_2	0	0	0	25	66
	g_2	10	10	0	0	34
3	f_3	25	0	0	25	29
	g_3	10	10	10	10	71

Note. A: Stanford wins by 7 or more points
B: Stanford wins by less than 7 points
C: Berkley ties or wins by less than 7 points
D: Berkley wins by 7 or more points
Preference: percentage of respondents that chose each option
(Tversky and Fox, 1995)

20%の確率で\$45得られるか何も得られない場合と25%の確率で\$30得られるか何も得られないかの場合では，20%の確率で\$45得られる場合は\$19得られることと同等，25%の確率で\$30得られる場合は\$14得られることと同等になる．

いずれの場合もTravskyらの結果を十分に説明できる．

50%の確率で\$200得られる場合は\$100得られることとまったく同じとなり，Travskyらの結果と異なり，どちらを選ぶかは五分五分である．

③ Betting

図6-5に示すように，$P(A)=0.1$, $P(B)=0.4$, $P(C)=0.4$ および $P(D)=0.1$ とした場合には Eq. (6.7) に基づく期待度から上記の事実が起こりうることが説明できる．

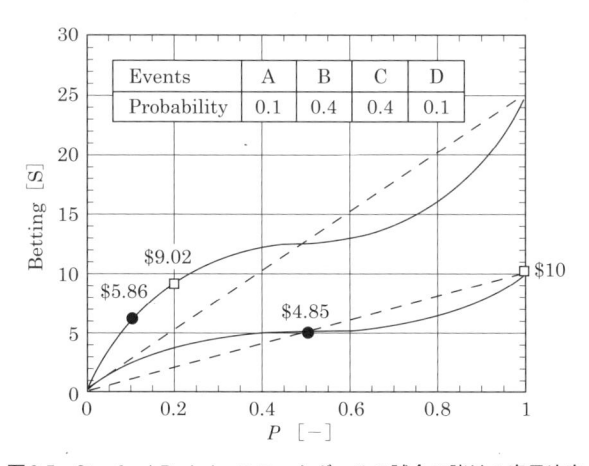

図6-5 Stanford-Berkeleyのフットボールの試合の賭けの意思決定

（3） 事故に対する不安度

ここでは原発事故，プラント事故，交通事故などの事故が生じることに対する不安度を対象とする．

不安の対象として単純に以下の段階を考える．

① 怪我をするかもしれない．
② 怪我は重傷かもしれない．

③　死に至る重傷かもしれない．

　上記の各段階で Eq. (6.7) によって定義された不安度を表すことができる．事故が第3段階まで至らなくても，各段階で価値因子を定めて不安度を求めればよい．事故が生じる確率が小さくても原子力発電所の設置が現地で受け入れられにくいことは，原発事故の価値因子が極めて大きく，確率が極めて小さくても不安度が極めて大きくなるためと理解できる．

課題6.2　プラント事故に対する不安度は？

○背景と目的

　プラント事故に遭遇することへの不安の程度は定量的に表されたことがない．したがって事故に遭遇することへの不安の程度を Eq. (6.7) で定義された不安度で的確に表すことができるかどうかを検証する必要がある．

　そこでプラント事故に遭遇することの不安の程度を Eq. (6.7) で定義された不安度で表示する．

○シミュレーションと結果の考察

事故の段階を以下の3段階を設定する．

　　　段階1（怪我をするかもしれない）：$V=1$, $P=0.8$
　　　段階2（怪我は重傷かもしれない）：$V=4$, $P=0.5$
　　　段階3（死に至る重傷かもしれない）：$V=10$

段階1から段階3まで段階ごとに不安度 Eq. (6.7) を計算する．この場合，段階2における $P=0$ の不安度は段階1における $P=0.8$ のときの値，段階3における $P=0$ の不安度は段階2における $P=0.5$ のときの値とする．得られた事故が生じる確率と不安度の関係を図6-6に示す．この結果から以下のことが明らかになる．

①　怪我をするという事態，重傷になるという事態，死ぬという事態に対する価値が変化すれば，それに相応して不安度も変化するが，各不安度の確率 P に対する分布形状は普遍である．

第6章 安心と不安　155

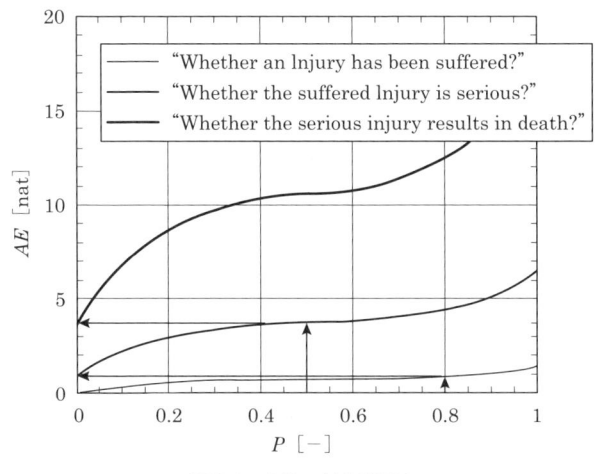

図6-6　事故に対する不安

（4）重要事項の意思決定

化学工業においては意思決定が重要となる場面が多い．装置／プロセス／プラントの改善すべき箇所の優先順位付け，改善策を実施すべきか否かの判断，新装置／新プロセス／新プラントを設置すべきか否かの判断，などさまざまである．不安な事項に関する判断もあれば期待する事項に関する判断もある．前節で記したように，不安の程度と期待の程度とは逆の関係にあるだけで，期待度も不安度と同一式 Eq. (6.7) で定義できるので，意思決定の基準は同じである．

課題6.3　改善すべきユニットの優先順位は？

○背景と目的

プロセスの中に事故等が懸念されて改善をすべきユニットが複数ある場合には，どのユニットを優先するか，それらのユニットに改善優先順位をつける必要がある．それぞれのユニットの価値因子 V が既知であるとすれば，それぞれのユニットが事故等を生じることに対する不安度が計算できる．計算されたユニットごとの不安度を比較して，不安度の高い方のユニットを優先させる．

すなわち，不安度が高いユニットから順に改善優先順位を付ければよい．

そこでユニット1，ユニット2の2つの改善すべきユニットがあるときにEq. (6.7)で定義された不安度の視点からシミュレーションにより2つのユニットに改善すべき優先順位を付ける．

〇シミュレーションと結果の考察

ユニットの価値因子をそれぞれ$V_1=2$, $V_2=1$とし，ユニットで事故が生じる確率をそれぞれ$P_1=0.2$, $P_2=0.8$とする．

ユニットごとに不安度曲線をEq. (6.7)にしたがって計算する．2つのユニットの不安度曲線（不安度 vs. 確率）と，改善を必要とする程度はユニットの価値と事故が生じる確率に比例するとした従来の考え方に基づく直線を比較して図6-7に示す．この結果から以下のことが明らかになる．

① 改善を必要とする程度はユニットの価値と事故が生じる確率に比例するとした従来の考え方では，改善を必要とする程度はユニット1が0.4，ユニット2が0.8となり，ユニット2が改善優先順位は高いことになる．しかし，Eq. (6.7)に基づく不安度に基づく場合は，ユニット1が0.72，ユニット2が0.64となり，逆にユニット1の方が改善優先順位は高くなる．

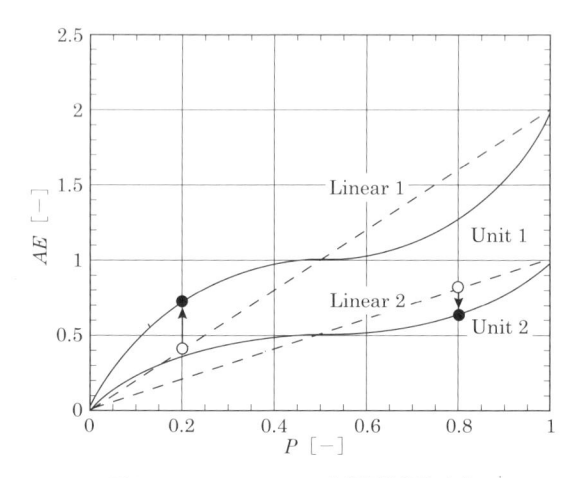

図6-7 2つのユニットの改善優先順位決定

課題 6.4 改善策を実施すべきか？

図 6-8 に示すように，現時点で利益（G_p）がある場合と損失（L_p）がある場合にわけ，さらに両場合とも改善策が失敗したときに新たな損失がある場合とない場合に分ける．この新たな損失がある場合もその損失が一定の場合（L）と失敗確率に依存する場合（最大値 $L_{\max}$）に分ける．さらに損失が一定の場合にその額が上記 G_p あるいは L_p より小さい場合と大きい場合にわける．期待される最大利益を $G_{\max}$ とする．それぞれのケースについて図 6-8 に示すように期

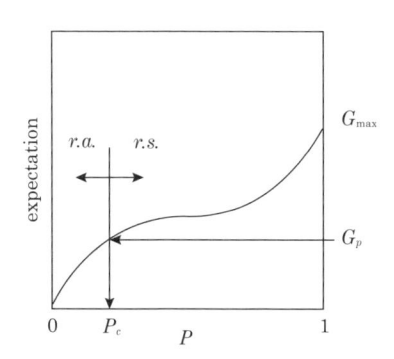

図 6-8（a）　改善策を検討するケース
（現在利益 G_p，成功時最大利益 $G_{\max}$）

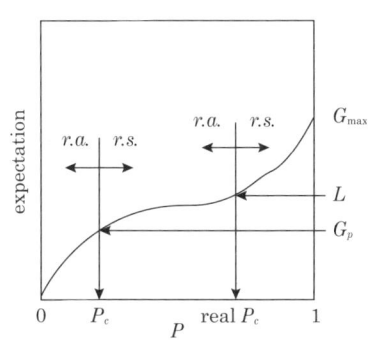

図 6-8（b）　改善策を検討するケース
（現在利益 G_p，成功時最大利益 $G_{\max}$
失敗時損失 L（一定））

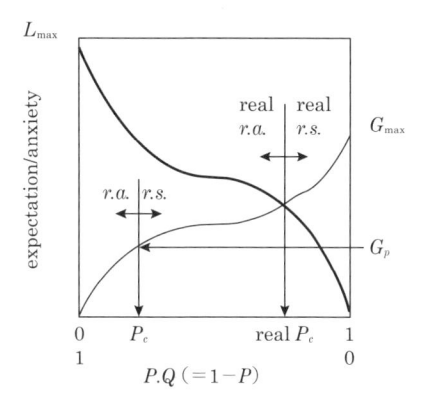

図 6-8（c-1）　改善策を検討するケース
（現在利益 G_p，成功時最大利益 $G_{\max}$
失敗時損失 Q の関数（最大 $L_{\max}$））

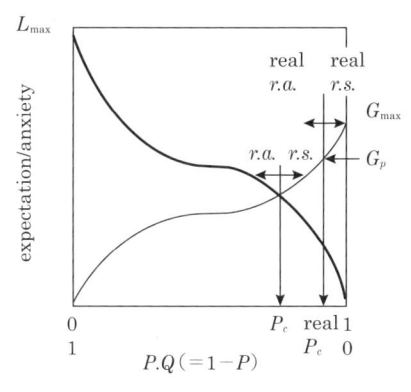

図 6-8（c-2）　改善策を検討するケース
（現在利益 G_p，成功時最大利益 $G_{\max}$
失敗時損失 Q の関数（最大 $L_{\max}$））

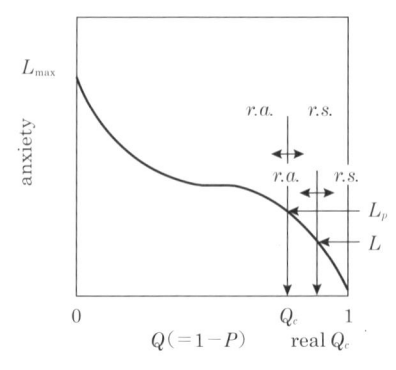

図6-8(d) 改善策を検討するケース
（現在損失L_p，失敗時損失L（一定））

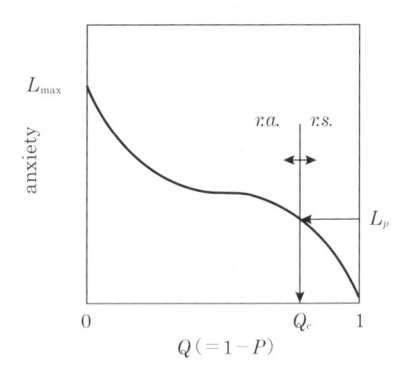

図6-8(e) 改善策を検討するケース
（現在損失L_p，失敗時損失Qの関数（最大L_{max}））

待度曲線あるいは不安度曲線を描くと，リスク回避（r.a.）とリスク追求（r.s.）の領域に分けることができ，改善策の導入を判断できる限界の改善策の成功確率P_c，失敗確率$Q_c(=1-P)$がわかる（図中のrealは実際に優先することを意味する）．

> 課題6.4.1　現時点の利益\$400百万，改善成功ときの利益\$1,000百万のとき，改善策を実施すべき改善成功確率は？

○背景と目的

改善が成功すれば利益が増加するという期待がもてる改善策が提案されたときに，Eq.(6.7)で定義された期待度の視点から的確に改善策を実施すべきか否かを意思決定する必要がある．

そこで改善策が提案されたときにEq.(6.7)で定義された期待度の視点から改善策を実施すべきか否かを意思決定する条件をシミュレーションにより示す．

○シミュレーションと結果の考察

期待度曲線をEq.(6.7)にしたがって計算する．

期待度曲線（期待度vs.確率）を図6-9に示す．この結果から以下のことが明確になる．

第 6 章　安心と不安　159

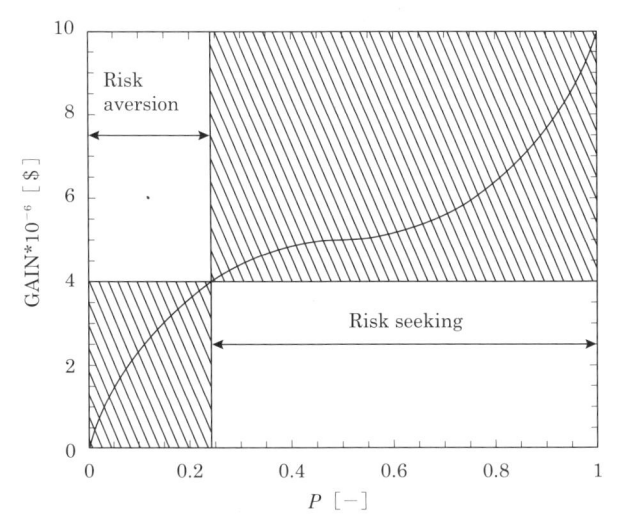

図6-9　期待度の視点からの改善策を実施すべきかどうかの意思決定

- $P>0.24$ の場合は改善策を実施し，$P\leq0.24$ の場合は実施を見送る判断となる．

> 課題 6.4.2　現時点の損失 \$600 百万，改善失敗ときの損失 \$1,000 百万のとき，改善策を実施すべき改善成功確率は？

○背景と目的

改善が成功すれば損失が現象する改善策が提案されたときに，Eq.(6.7) で定義された不安度の視点から的確に改善策を実施すべきか否かを判断する必要がある．

そこで改善策が提案されたときに Eq.(6.7) で定義された不安度の視点から改善策を実施すべきか否かを意思決定する条件をシミュレーションにより示す．

○シミュレーションと結果の考察

不安度曲線を Eq.(6.7) にしたがって計算する．

不安度曲線（不安度 vs. 確率）を図 6-10 に示す．この結果から以下のことが明らかになる．

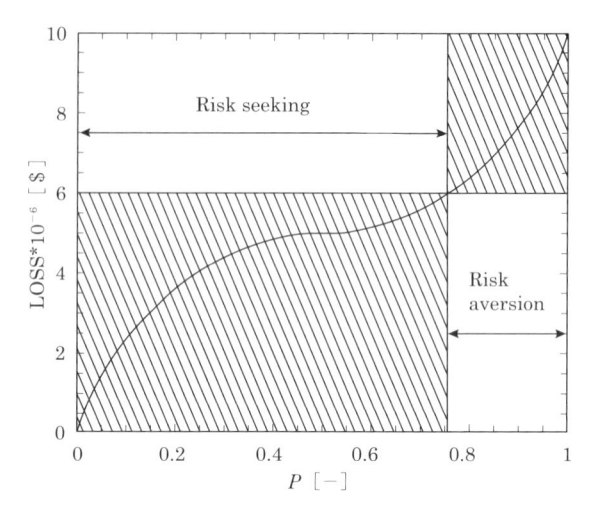

図6-10　不安度の視点からの改善策を実施すべきかどうかの意思決定

- $P<0.76$ の場合は改善策を実施し，$P\geq0.76$ の場合は実施を見送る判断となる．

課題 6.4.3　新規に装置／プロセスを設置すべきか？

　新規に装置／プロセス／プラントを設置すべきか否かを判断しなければならないことがある．新規の装置／プロセス／プラントの設置には費用 A が必要であり，設置が成功すれば利益 $B(B>A)$ が見込まれるが，設置が成功する確率は P である．この場合，新規の装置／プロセス／プラントの設置をすべきか否かを判断する必要がある．この場合も Eq. (6.7) に基づく期待度に基づいて判断できる．このときの価値因子 V は，設置が成功したときの利益 B をとればよく，期待度が A 以下になる範囲に確率 P があるときは設置を実施しないという判断になる．もし期待度が A より大きくなる範囲に確率 P があるときは設置を実施するという判断となる．このときの期待度と確率の関係は図6-8と同様の図になる．

　図6-9, 6-10から明らかなように，$P<0.4$ あるいは $P>0.6$ では判断は容易であるが，$0.4<P<0.6$ では曲線の勾配が小さいため判断は困難である．また，$A=B/2$ になるときも判断が難しくなる．

(5) 日常の重要ではないことの意思決定

前節までは，値の大小にかかわらずにすべての確率の値を同等にみなして判断する場合を示した．しかしながら，人は常に値の大小にかかわらずにすべての確率の値を同等とみなして判断するとは限らない．とくに日常茶飯事に生じるとるに足らないような些細なことを判断するときは，確率の少ない場合をより軽視しがちである．極端な場合には，確率が0に近いときにはほとんど無視し，確率が1に近いときにはほとんど100%重視することが考えられ，通常は確率の値が大きくなるにしたがって重視する程度も大きくなる．この傾向を理論的に定量化して表現することは至難であるが，上記の極端の場合も満足するように，$P=0$のときは0，$P=1$のときは1をとるような簡単な関数として，確率を重視する程度を確率のべき乗P^nで表すと，Eq.(6.7)の不安度／期待度は次のようになる．

$$AE_{P<1/2} = P^n V\{-P\ln P - (1-P)\ln(1-P)\} \quad (6.8\,(\mathrm{a}))$$

$$AE_{P>1/2} = P^n V[2\ln 2 - \{-P\ln P - (1-P)\ln(1-P)\}] \quad (6.8\,(\mathrm{b}))$$

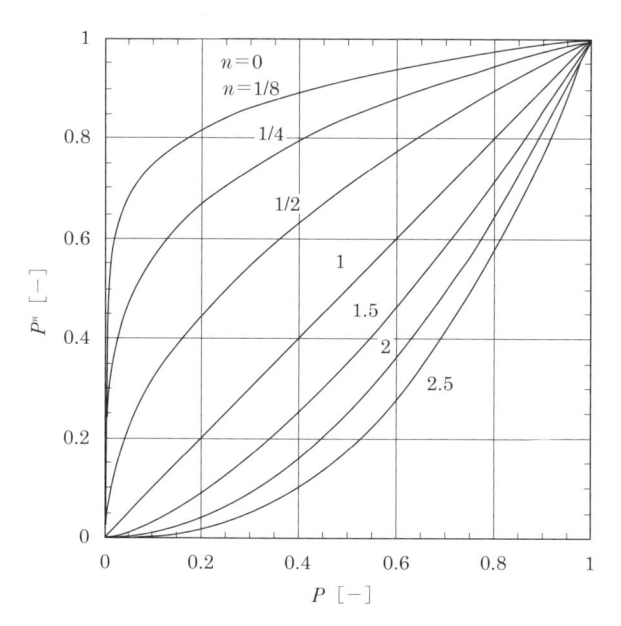

図6-11 重要でないことの判断ウェイトP^n

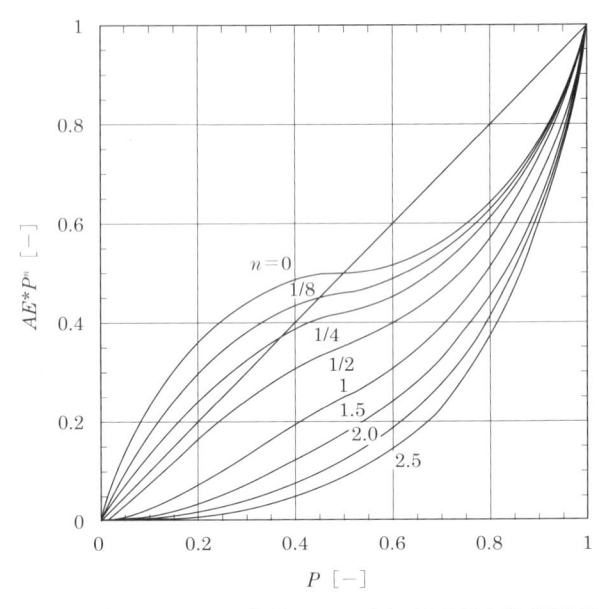

図6-12 重要でないことの判断ウェイトを加味した不安度／期待度

　図6-11にP^nとnの関係を示した．$n=0$のときは，すべての確率の値を同等にみなした場合に相当する．図6-12には，価値因子Vを1としてnの値をさまざまに変化させてときのEq. (6.8)で示される不安度／期待度曲線を示した．nの値が大きくなるとともに不安度／期待度曲線は単調な変化を示すようになる．また$n=1/4$の場合の不安度／期待度曲線はTversky and Fox (1995)によって得られた確率と意思決定ウエイトの関係を示す曲線と近くなる．

おわりに

　情報エントロピーという化学工学にとってはよそ者も使い用によっては役立つことを紹介したつもりである．化学工学のほんの一分野における限られた例を挙げて解説しただけであるので，果たして情報エントロピーに化学工学における市民権が与えられるかどうか疑問は残るが，化学工学への入場券ぐらいは与えられたのではないかと思う．考えてみれば情報エントロピーはすでに化学工学で市民権を得ている確率論的手法の親戚でもあるのだから．他にも情報エントロピーによって理解できる現象は種々見受けられる．情報エントロピーに興味をもたれる方が増え，さらにこの方面の研究が発展し，化学工学が高度に体系化される一助になることを期待したい．

参考文献

第1章

1) Abramson, N.; "Information Theory and Coding," McGraw-Hill (1963)
2) Brillouin, L.; "Science and Information Theory," Academic Press (1962)
3) "数理科学", N.110, ダイヤモンド社, No.110 (1972)
4) Shanon, C. E.; "The Mathematical Theory of Communication," The Univ.of Illinois Press (1949)
5) Ogana, K.; "Chemical Engineering; A New Perspective," Elserier (2007)

第2章

1) 伊藤四郎, 小川浩平; "混合および分離性能の評価とエントロピー," 化学工学, **42**, 210-215 (1978)
2) Ito, S. and Ogawa K.; "A definition of quality of mixedness," *J.Chem.Eng.Japan*, **8**, 148-151 (1975)
3) Ito, S., Ogawa K. and Matsumura Y.; "Mixing rate in a stirred Vessel," *J.Chem.Eng. Japan*, **13**, 324-326 (1980)
4) Laine, J.; "Ruhrintensitat und leistung von scheiben und lochschei benruhren im groβtechnischen maβstab," *Chem.Ing.Tech.*, **55**, 574-575 (1983)
5) 小川浩平, 伊藤四郎; "円管内乱流混合," 化学工学, **38**, 815-819 (1974)
6) Quarmby, A. and Anand R.K.; "Axisymmetric turbulent mass transfer in a circular pipe," *J.Fluid Mech.*, **38**, 433-472 (1969)
7) 小川浩平; "装置内の局所的および総括混合性能を示す指標の一定義法," 化学工学論文集, **7**, 207-210 (1981)
8) 小川浩平, 黒田千秋; "円管内乱流の局所混合性能," 化学工学論文集, **10**, 268-271 (1984)
9) 小川浩平; "多成分回分混合における混合度の一表現法," 化学工学論文集, **10**, 261-264 (1984)
10) 小川浩平; "最近の化学工学44 ミキシング―ミキシング操作とその評価法," 22-31, 化学工業社 (1992)
11) Nedeltchev, S., Ookawara, S. and Ogawa, K.; "A fundamental approach to bubble column scale-up based on quality of mixedness," *J.Chem.Eng.japan*, **32**, 431-439 (1999)
12) 加藤盛孝; "固液攪拌槽における固体粒子の挙動," 工学修士論文, 東京工業大学 (2001)
13) 北村啓明; "流通系攪拌槽内の混合現象," 工学修士論文, 東京工業大学 (1977)

第3章

1) Ogawa, K., Ito S. and Kishino H.; "A definition of separation efficiency," *J.Chem.Eng. Japan*, **11**, 44-47 (1978)

第4章

1) Birkoff, G.; "Forier synthesis of homogeneous turbulence," *Comm. Pure Appl. Math*, **7**, 19-44 (1954)
2) Chandrasekhar, S.; "On Heisenberg's elementary theory of turbulence," *Proc. Roy. Soc. London*, **Ser.A.200**, 20-33 (1949)
3) Heisenberg, W.; "Zur statstishen theorie der turbulenz," *Z. Physik*, **124**, 628-657 (1948)
4) Ito, S. and Ogawa K.; "A study of momentum transport in turbulent flow," *J.Chem. Eng.Japan*, **6**, 231-235 (1973)
5) Kolmogoroff, A. N.; *Comt.Rend.Acad.*URSS, **30**, 301 (1970)
6) Loitsansky, L. G.; *NACA* **TM-1079** (1945)
7) Prudman, I.; Proc. *Cambridge,Phil.Soc.*, **47**, 158 (1951)
8) Rotta, Von J.; "Das spektrum isotroper turbulenz in statistisher gleichgewicht," *Ingr.Arch.*, **18**, 60-76 (1950)
9) Ogawa, K.; "A simple formula of energy spectrum function in low wavenumber ranges," *J.Chem.Eng.Japan*, **14**, 250-252 (1981)
10) Ogawa, K., Kuroda C. and Yoshikawa S.; "An expression of energy spectrum function for wide wavenumber ranges," *J.Chem.Eng.Japan*, **18**, 544-549 (1985)
11) Ogawa, K.; "Energy spectrum function of eddy group gathered together as a model of turbulence," *Int.J.Eng.Fluid Mechanics*, **1**, 235-244 (1988)
12) 小川浩平；"流れの非線形ファンタジー――カオスとしての乱流の秩序とスケールアップ，"化学工学，**57**，120-123 (1993)
13) Ogawa, K., Kuroda C. and Yoshikawa S.; "A method of scaling up equipment from the viewpoint of energy spectrum function," *J.Chem.Eng.Japan*, **19**, 345-347 (1986)
14) Ogawa, K.; "Evaluation of common scaling-up rules for a stirred vessel from the viewpoint of energy spectrum function," *J.Chem.Eng.Japan*, **25**, 750-752 (1992)
15) 小川浩平；"化学工学の進歩34 ミキシング技術――撹拌槽乱流スペクトルと混合・細粒子化操作"，化学工学会，槙書店 (2000)
16) 小川浩平："スペクトル解析ハンドブック――かくはん混合技術へのスペクトルの応用"，464-470，朝倉書店 (2001)
17) Ogawa, K. and Mori, Y.; "Size effect on spectrum of turbulent energy in a stirred vessel," *J.Chem.Eng.Japan*, **30**, 969-971 (1997)
18) 藤井亮輔；"通気攪拌槽における気泡径分布と乱流構造，"工学修士論文，東京工業大学 (2000)

19) Khoo, L; "The turbulent ESF for non-Newtonian fluid in a stirred vessel," *Master Thesis*, Tokyo institute of Technology (2000)

第5章

1) Ogawa, K.; "Effectiveness of information entropy for evaluation of grinding efficiency," *Chem.Eng.Commun.*, **46**, 1-9 (1986)
2) Ogawa, K.; "A single expression of common particle size distribution," *Part.Part. Syst.Charact.*, **7**, 127-130 (1990)
3) 小川浩平；"化学工学の進歩34 ミキシング技術―攪拌槽乱流スペクトルと混合・細粒子化操作", 化学工学会, 槇書店 (2000)
4) 花光泰造; "晶析槽における結晶粒子径分布と乱流構造の関係," 工学修士論文, 東京工業大学 (1999)
5) Ogawa, K.; "Effectiveness of information entropy for evaluation of grinding efficiency," Chem.Eng.Commun, **46**, 001-009 (1986)
6) Ok, T., Ookawara, S., Yoshikawa, S. and Ogawa, K.; "Drop size distribution in liquid liquid mixing," *J.Chem.Eng.Japan*, **36**, 940-945 (2003)

第6章

1) Tversky, A and Fox C.R.; "Weighing risk and uncertainty,"*Psychological Review*, **102**, 269-283 (1995)
2) Ogawa, K.; "Quantitative index for anxiety/expectation and its applications," *J.Chem.Eng.Japan*, **39**, 102-110 (2006)

索　引

[あ]

MSMPR　*63*
安全　*141*

[い]

意思決定　*141*
インパルス応答曲線　*23*

[う]

ウイナー・フィンチンの定理　*102*
渦（渦）　*98*
渦（渦群）　*102*
渦（渦径）　*99*
渦（基本渦群）　*104*
渦（乱流渦径確率密度分布）　*129*

[え]

エネルギースペクトル（エネルギースペクトル確率密度分布関数）　*101*
エネルギースペクトル（パワースペクトル）　*102*

[か]

攪拌翼（45度傾斜翼）　*38*
攪拌翼（平羽根タービン翼）　*38*
攪拌翼（平羽根かい型翼）　*38*
確率（移動確率）　*49*
確率（確率密度）　*8*
確率（確率密度分布関数）　*9*
確率（客観確率）　*150*
確率（実現確率）　*126*
確率（主観確率）　*150*
カスケードプロセス　*98*

価値因子　*148*
過渡応答（インパルス応答法）　*23*
過渡応答（周波数応答法）　*23*
過渡応答（ステップ応答法）　*23*
過渡応答（デルタ応答法）　*23*
感覚　*14*
完全混合流れ　*26*

[き]

規格化条件　*9*
危険　*143*
期待　*144*
期待度曲線　*149*
曲線（期待度曲線）　*149*
曲線（不安度曲線）　*149*

[け]

限界粒子　*124*

[こ]

混合（完全混合攪拌槽）　*29*
混合（完全混合等体積槽列モデル）　*28*
混合（完全混合流れ）　*28*
混合（巨視的混合）　*17*
混合（混合時間）　*19*
混合（混合状態）　*19*
混合（混合性能）　*19*
混合（混合速度）　*20*
混合（混合モデル）　*28*
混合（ディストリビュータ）　*44*
混合（微視的混合）　*17*
混合（ピストン流れ）　*26*
混合（ブレンダー）　*44*

混合（乱流拡散係数）　21

[し]

時間平均速度　100
自己エントロピー　4
指標（回収率）　84
指標（局所混合性能指標）　46
指標（混合性能指標）　19
指標（混合度）　27
指標（混入率）　84
指標（総括混合性能指標）　47
指標（ニュートン効率）　83
指標（品質向上）　84
指標（不安度）　148
指標（歩留り）　83
指標（分離度）　85
指標（リチャース効率）　83
集中定数系　29
循環時間　19
条件付エントロピー　6
情報（自己エントロピー）　4
情報（条件付エントロピー）　6
情報（情報）　2
情報（情報エントロピー）　4
情報（情報量）　2
情報（相互エントロピー）　6

[す]

スケール（空間スケール）　113
スケール（時間スケール）　113
スケール（マクロタイムスケール）　112
スケール（ミクロタイムスケール）　112
スケールアップ　114

[そ]

相互エントロピー　6
操作（晶析操作）　137
操作（混合操作）　20
操作（粉砕操作）　139
操作（分離操作）　82
装置（晶析槽）　70
装置（回分系混合装置）　33
装置（攪拌槽）　18
装置（管型装置）　29
装置（混合装置）　18
装置（蒸留塔）　93
装置（塔型装置）　29
装置（平底円筒攪拌槽）　31
装置（分離装置）　82
装置（流通系混合装置）　22
速度変動強度　100

[た]

滞留時間（滞留時間確率密度分布関数）　20
滞留時間（平均滞留時間）　20

[て]

電極反応流速計　106

[に]

二重相関　98

[は]

波数　98

[ひ]

ピストン流れ　26
非線形系　106

索 引

比表面積 *124*
表面張力 *123*

[ふ]

不安度曲線 *149*
フーリエ積分 *102*
フーリエ変換 *102*
不確実さ *2*
不用成分 *84*
分散相 *62*
分数調波 *102*
分布（液滴径分布） *133*
分布（気泡径分布） *135*
分布（砕製物粒子径分布） *139*
分布（結晶粒子径分布） *137*
分布（正規確率密度分布） *122*
分布（対数正規確率密度分布） *122*
分布（乱流渦径確率密度分布） *129*
分布（粒子径分布） *122*
分布（粒子径確率密度分布表示式） *127*
分布（ロジン・ラムラー確率密度分布） *122*

分布定数系 *29*

[ゆ]

有用成分 *84*

[ら]

ラグランジュ *114*
乱流（カルマン・ハワース式） *98*
乱流（完全乱流場） *100*
乱流（コルモゴロフの-5/3 乗則） *104*
乱流（ダイナミック方程式） *98*
乱流（乱流渦径確率密度分布） *129*
乱流（乱流運動エネルギー） *98*
乱流（乱流拡散係数） *21*
乱流（乱流現象） *96*
乱流（乱流構造） *98*
乱流（速度変動強度） *100*
乱流（レイノルズ応力） *97*

[れ]

連続相 *62*

■ 著者紹介

小川　浩平　（おがわ　こうへい）

1967 年　東京工業大学　理工学部　化学工学科卒業
1969 年　東京工業大学　理工学研究科　化学工学専攻　修士課程修了
1972 年　東京工業大学　理工学研究科　化学工学専攻　博士課程修了
1972 年　東京工業大学　工学部　化学工学科　助手
1975 年　東京工業大学　工学部　化学工学科　助教授
1990 年　東京工業大学　工学部　化学工学科　教授（現在に至る）

この間，東京工業大学教務部長，工学部長，理工学研究科長，副学長，理事・副学長を歴任．

化学工学の新展開
—その飛躍のための新視点—

2008 年 4 月 4 日　初版第 1 刷発行

■著　　者──── 小川　浩平
■発 行 者──── 佐藤　守
■発 行 所──── 株式会社　大学教育出版
　　　　　　　　〒700-0953　岡山市西市 855-4
　　　　　　　　電話（086）244-1268　FAX（086）246-0294
■印刷製本──── サンコー印刷㈱
■装　　丁──── ティーボーンデザイン事務所

© Kohei Ogawa 2008, Printed in Japan
検印省略　　落丁・乱丁本はお取り替えいたします．
無断で本書の一部または全部を複写・複製することは禁じられています．
ISBN978－4－88730－828－2